JN175832

航空宇宙工学テキストシリーズ

空気力学入門

一般社団法人 日本航空宇宙学会〔編〕

李家 賢一　新井 隆景　浅井 圭介〔著〕

丸善出版

はしがき

一般社団法人日本航空宇宙学会は，航空宇宙工学を初めて学ぶ大学生向けに「航空宇宙工学テキストシリーズ」を刊行することとなった．航空宇宙工学には，空気力学，飛行力学，構造力学，推進工学等の学問分野があるが，そのうちの空気力学分野については3巻に分けて刊行することとした．本書（第1巻）は『空気力学入門』と題し，第2巻の『粘性流体力学』，第3巻の『圧縮性流体力学』と順に学んでもらうことで，航空宇宙工学を専攻する学部学生が必要とする空気力学の知識を得られる構成になっている．

これら一連の3巻にわたる空気力学の教科書の特徴は，次の3点である．まず航空宇宙工学を学ぶ学生が修得すべき空気力学の知識をすべて網羅するべく，教科書執筆に際して空気力学のキーワード集を事前に取りまとめ，これにもとづいて各巻を執筆することとした．日本航空宇宙学会では『第3版 航空宇宙工学便覧』（丸善）を刊行しているが，これに掲載されている空気力学関係のキーワードをまず抽出し，その中から学部学生が修得すべきものを吟味した．このキーワード集をもとにして執筆された3巻の教科書を学ぶことで，学部レベルの空気力学の知識をすべて修得できる．

2点目は，本書の巻頭に「空気力学とは」と題する空気力学を俯瞰する章群を掲載したことである．この章群の記述では，これ以降の内容と重複する箇所があることをあえて許している．これによって全体を把握した後に，本書のそれ以降ならびに第2巻，第3巻において詳細を学ぶという2段階を経ることで，空気力学について，より容易に，かつ必要十分な知識が得られるようにした．

3点目は，一連の教科書を学んだ学生が将来，航空宇宙産業で活躍できるように，航空宇宙産業界に入ってすぐに役に立つ空気力学の知識も含めるようにしたことである．そのために，航空宇宙産業界で空気力学関係の業務にあたっている日本航空宇宙学会会員から情報を集め，それらをできるだけ本文に反映するようにした．

これら一連の3巻にわたる空気力学の教科書を，航空宇宙工学を初めて学ぶ学生のみならず，航空宇宙工学を専攻しなかった若い技術者の方々にも活用いただくことができれば，著者一同にとって望外の喜びである．

2015年12月

著　者　一　同

編集委員・執筆者一覧

編集委員会

池　田　忠　繁　名古屋大学大学院工学研究科航空宇宙工学専攻

上　野　誠　也　横浜国立大学大学院環境情報研究院人工環境と情報部門

澤　田　惠　介　東北大学大学院工学研究科航空宇宙工学専攻

鈴 木 宏 二 郎　東京大学大学院新領域創成科学研究科先端エネルギー工学専攻

玉　山　雅　人　国立研究開発法人宇宙航空研究開発機構航空技術部門
次世代航空イノベーションハブ

土　屋　武　司　東京大学大学院工学系研究科航空宇宙工学専攻

姫　野　武　洋　東京大学大学院工学系研究科航空宇宙工学専攻

李　家　賢　一　東京大学大学院工学系研究科航空宇宙工学専攻

執　筆　者

*李　家　賢　一　東京大学大学院工学系研究科航空宇宙工学専攻（第 I 部執筆担当）

新　井　隆　景　大阪府立大学大学院工学研究科航空宇宙海洋系専攻（第 II 部執筆担当）

浅　井　圭　介　東北大学大学院工学研究科航空宇宙工学専攻（第 III 部執筆担当）

［所属は 2015 年 12 月現在．*印は本書幹事］

目　次

第 I 部

空気力学とは

本書の「はしがき」において述べたように，この第 I 部では航空宇宙工学をこれから学ぶ学生が空気力学に関して最初に把握すべき項目を整理して簡潔に記述してある．第 I 部では，完全な定式化を行うことによって空気力学を正確に記述することまでは目指していない．空気力学を学ぶにあたって必要不可欠な専門用語を網羅して説明を行うことで，空気力学の全体像を掴んでもらうことを目指している．空気の流れ自体や，空気が物体（航空機など）に及ぼす影響は，複雑かつ非線形的な性質を有した現象である．そのような現象を把握して，例えば航空機の性能を向上させることに役立てるためには，その本質を失うことなく現象を簡略化して，空気がもつ性質を見極める必要がある．空気力学の歴史は，このような現象を解明する努力の積み重ねであった．その努力の一端を本書の第 I 部から第 III 部を通じて，少しでも垣間見てもらいたい．

1

序　論

1.1　空気力学の発展と飛行の原理

空気力学（aerodynamics）は，空気の動きに伴う力学的現象を取り扱う学問分野であり，1903 年 12 月にライト兄弟が成功させた飛行機の初飛行の前後から飛躍的な発展を遂げた分野である．もともとは流体（液体と気体を総称して流体とよぶ）の運動を取り扱う**流体力学**（fluid dynamics，fluid mechanics または hydrodynamics）とよばれる分野が，古くから研究されてきた．15 世紀にレオナルド・ダ・ビンチは水の流れに興味をもち，詳細な観察の結果をスケッチとして残している．それ以降，例えばスイス人のオイラー（Euler），フランス人のポワズイユ（Poiseuille）とナビエ（Navier），アイルランド人のストークス（Stokes）といった，本空気力学シリーズ（以下本シリーズとよぶ）で今後しばしば登場する人々によって理論的研究が長く進められてきた．19 世紀になると船舶などの発展に伴い流体力学を工学的に応用することもさかんになった．そして，それまでは主に水を対象として研究されてきた流体力学が，航空機の登場により，空気を対象とする流体力学，つまり空気力学へと発展してきたのである（なお，航空機のうち，固定された翼をもち，エンジンの力で前へ進む機体を飛行機とよぶ）．

そもそも流体が流れている中に物体が置かれると，その物体は力を受ける．例えば強い風雨の中を傘を差して歩いていると傘は風下方向へ強い力を受ける．河川に架けられた橋の場合は，橋桁には水流によって常に下流方向に力がかかっている．このような流体の流れていく方向に物体が受ける力を**抗力**（抵抗，drag）とよぶ．一方，静止している空気中を飛行機が水平に飛行して

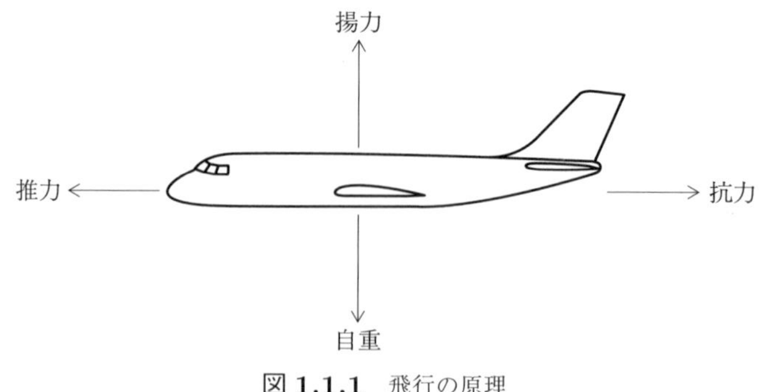

図 1.1.1　飛行の原理

いる場合も，飛行機は飛行方向と反対方向に抗力を受ける．しかしながら飛行機の場合，空気から受ける力は，この抗力だけではない．飛行方向に対して直角上向きに**揚力**（lift）が働いている．この揚力が機体の自重と釣り合うことによって大気中に浮かんでいられるわけである［図 1.1.1 参照．なお，揚力と抗力の合力を**空気力**（aerodynamic force）とよぶ］．自重と同じ大きさの揚力を発生するためには，飛行機の形状，特に翼の形状を適切なものにしなければならず，そのために空気力学の知識を最大限活用する必要がある（詳しくは本書第 III 部参照）．なお，機体に働いている抗力と同じ大きさの推進力をエンジンによって飛行方向に生み出すことで，飛行機は一定の速度で水平方向に飛行することができる（図 1.1.1）．

1.2　空気力学の諸分野と本シリーズの構成

空気力学の発展には，飛行機の高速化の流れが大きな影響を与えたことは否定できない．第 2 章で述べるように，流体（空気）には 2 つの重要な性質がある．その 1 つが**圧縮性**（compressibility，流体が縮む性質）である．この性質は高速で運動する気体（空気）に強く表れやすい．特に飛行速度が音速（空気中を伝播する音の速度）を上回った場合［この速度域を**超音速**（supersonic）とよぶ］，さらには音速の約 5 倍以上になった場合［**極超音速**（hypersonic）］には，空気の示す性質が低速飛行の場合とは大きく異なる．このため，超音速，極超音速の速度域で飛行する超音速旅客機や宇宙往還機（大気圏外から再突入した後に飛行機と同じく滑走路に着陸する宇宙機のこと，スペースシャトルも一種の宇宙往還機である）の機体形状は，空気の圧縮性が原因となって，音速以下で飛行する飛行機とまったく異なっている．これらの速度域と区別するために音速以下の速度域のことを**亜音速**（subsonic）とよぶ．また，音速に近い速度域（音速のおおよそ0.8倍から1.2倍）では，亜音速や超音速の場合とも異なる特徴を空気が示すために，この速度域を特に**遷音速**（transonic）とよんでいる．遷音速域は一般的なジェット旅客機が飛行する速度である．この圧縮性の影響が出る速度域を対象とした空気力学（流体力学）の分野は，**圧縮性流体力学**（compressible fluid dynamics）とよばれ，第5章にて概観するとともに，本シリーズの第3巻において詳しく取り扱う．

もう1つの流体（空気）の性質が**粘性**（viscosity，流体がもつ「粘々さ」のこと）である．これは液体に強く表れる性質であるが，空気の場合でも影響は皆無ではなく，特に物体近傍に位置する空気が粘性の影響を受けやすい．この粘性によって，航空機の場合は，低速で飛行する場合でも望ましくない余分な抗力が発生したり，機体の運動を妨げるような空気力が発生することになる．このため航空機の経済性を損なう余分な抗力発生源である粘性の影響を低減させることも，現在の航空機開発にあたって重要な課題の1つとなっている．この粘性の影響を対象とした分野が**粘性流体力学**（viscous fluid dynamics）であり，第4章にて概観するとともに，本シリーズの第2巻において詳しく取り扱う．

以上述べた2つの性質をともに有しない流体のことを**非粘性・非圧縮性流体**（inviscid and incompressible fluid）とよぶが，これは現実には存在しない流体である．非粘性・非圧縮性流体自体は仮想的なものであるが，基本的かつ本質的な流体の運動や性質を包含しており，また数学的取り扱いが比較的容易であるため，前節で述べた流体力学の初期の研究段階では，この非粘性・非圧縮性流体が主に研究対象として扱われた．この流体の性質をまず理解することが，粘性，圧縮性の理解にも繋がるため，第II部において非粘性・非圧縮性流体について詳しく取り扱う．

また，飛行機にとって1番重要な性能，つまり翼による揚力の発生を理解すること，あるいは最適な揚力の発生を実現する翼の形状を決定することを目的とした空気力学の理論を**翼理論**（wing theory）とよぶ．翼理論の基本は，非粘性・非圧縮性の仮定を用いることで説明が容易になり，本書第 III 部において，この翼理論について説明を行う．

本巻の「はじめに」でも述べたように，本「空気力学」シリーズは，主に航空宇宙工学を専攻し空気力学を初めて学ぶ学部学生を対象としており，本書（第 1 巻）で空気力学の全般をまず把握してもらったうえで，非粘性・非圧縮性流体と翼理論について学んでもらう．そのうえで，第 2 巻（粘性流体力学）と第 3 巻（圧縮性流体力学）を順次学ぶことで，航空宇宙工学を専攻する学部学生が必要とする空気力学の知識をすべて得られる構成になっている．

1.3　航空機と宇宙機の開発につながる空気力学の手法

航空機や宇宙往還機を実際に設計開発するためには，これらの機体が飛行中に空気から受ける力や機体周りの空気の流れを詳細に知る必要がある．本シリーズで取り扱う空気力学の理論によっても，簡便な機体形状を仮定すれば，初期の設計段階で役に立つ程度までは機体が受ける空気力や流れ場は算出あるいは予測可能である．ただし複雑な形状をした実際の機体開発のためには，理論のみでは不十分であり，これを補うために風洞実験が行われる．風洞実験とは，**風洞**（wind tunnel）とよばれる実験装置の中につくり出した人工的な気流の中に，開発中の機体の模型を入れて，その模型に働く空気力を測定したり，模型周りの流れの様子を観察（これを流れの可視化とよぶ）することである．この風洞実験を行うことで，より精度の高い機体性能データを得て，機体形状の変更を行うことが可能になる．このような手法は**実験流体力学**（experimental fluid dynamics，略して EFD）ともよばれており，ライト兄弟が飛行機を初めて開発したときから，この風洞実験は行われていた．

ところで，本シリーズ中でしばしば言及されることであるが，空気力学の厳密な理論展開によって得られる空気力学の支配方程式は高度な非線形性を有している．このため，任意の物体形状について，これらの支配方程式を厳密に解くことは不可能である．そこで，近年発達の著しい電子計算機を活用して空気力学の支配方程式を数値解析手法によって近似的に解く手法がある．これは**数値流体力学**（computational fluid dynamics，略して CFD）とよばれている．風洞実験では，機体形状が変更されるたびに風洞模型のつくり直し，あるいは修正が必要となり，実機開発に際しては模型を多数製作し，それを使って風洞実験を長期にわたって行う必要があり，風洞実験に膨大なコストを要してしまう．これを避けるために，最近では機体形状が変更されても計算機内の形状データのみを変更することで，効率的に解析を行える CFD が，実機の機体開発においても多用されるようになってきている．

なお，本シリーズでは風洞実験や CFD の具体的な手法について詳細に理解してもらうことは目的としていない．ただし第 2 巻において，上記の風洞実験と機体開発のかかわりについて，より詳細に述べることで，本シリーズで取り扱う空気力学の基本が実機開発にどのように繋がっていくか，理解を深めてもらう．また第 3 巻では，CFD の基本について述べている．

最後に，これまで述べてきたように本第 I 部は，空気力学全般を概観することを目的としているので，後の第 II 部，第 III 部あるいは第 2 巻，第 3 巻の記述と重複した部分があることを，あらかじめ断っておく．この第 I 部と同じように空気力学全般を概観した文献には文献 [1], [2] があり，執筆に際しても，これらの文献の構成と内容を参照している．

2

空気の特徴

本章では，前章で述べた空気の 2 つの重要な特徴，すなわち粘性と圧縮性について説明する．ここの記述は文献 [3] と [4] にもとづいている．

2.1 粘　性

そもそも空気（流体）は多数の分子で構成されており，例えば 0 ℃，1 気圧，1 cm^3 の空気には約 10^{20} 個の分子が含まれている．この場合の平均自由行程は 10^{-5} cm 程度である．このような多数の分子が空気中で衝突を繰り返しており，衝突のたびに分子間で運動量のやりとりがなされている．ところで，一般に空気の速度とは，一つひとつの分子の速度を意味するのではなく，分子レベルに比べて十分に大きな空気の塊が運動するときの速度を指す．つまり，その塊に含まれている多数の分子の速度の平均値と考えればよい．このように空気（流体）を取り扱う場合は，個々の分子の運動を考える必要がなく，空気を連続的な物質（連続媒質）として捉える．

ここで上記した空気の塊 2 つが隣り合って存在しているとする．このとき，2 つの塊の境目では両者に含まれる分子同士が衝突し合い，運動量のやりとりが発生する．一方の塊に含まれる分子の速度がもう一方の塊のそれよりも速い場合は，前者の分子は，衝突により運動量を失って減速し，後者の分子は速度が遅いため衝突により運動量を得て，結局加速されることになる．すなわち速度差をもった 2 つの隣り合った塊の間では両者の速度差を減らす方向に力が作用することになる．この力のことを**粘性力**とよぶ．

ここで図 2.1.1 に示す平行に設置された 2 枚の無限に長い 2 次元板の間の流れについて考えてみる．下側の板は固定されており，距離 h だけ離れた上

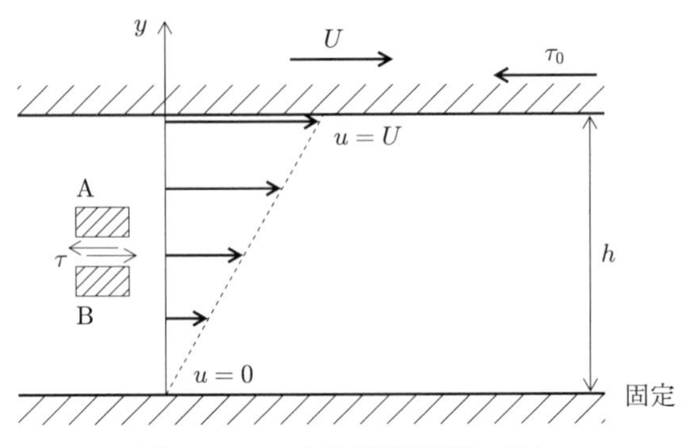

図 2.1.1　2 次元平行平板間の流れ

側の板は一定速度 U で動いているとする．粘性作用のために下側の板に接している流体は板に付着していると考えることができ，速度は 0 である．一方，上側の板に接している流体は，板と同じ速度 U で移動している．また，板間の流体の速度は図に示すように直線的に変化することが知られている．上側の板を動かすためには力を加える必要があるが（すなわち流体から板が抗力を受けている），この力は U に比例し，距離 h に反比例することがわかっている．すなわち板の単位面積当たりに働く抗力を τ_0 とすると

$$\tau_0 = \mu \frac{U}{h} \tag{2.1.1}$$

と表すことができ，比例定数の μ を**粘性係数**（coefficient of viscosity）とよぶ．

この図 2.1.1 の流れ場内において，先に考えたような上下に隣接した 2 つの空気の塊を考えたい．2 次元流れであるため，この 2 つの塊はきわめて近くに隣接した 2 つの層（図 2.1.1 中の A と B）として捉えることができる．上下に速度差があるために，層 A と B の間には両者同士を滑り合わせる方向に粘性力が働くことになる．単位面積当たりに働く力として考えると，これは粘性による剪断応力 τ と表すことができ，**粘性応力**（viscous stress）ともいわれる．この剪断応力 τ は，板の距離 h を極限的に小さくした場合に板が受ける単位面積当たりに働く抗力に等しいとみることができ，すなわち式 (2.1.1) から

$$\tau = \mu \frac{\mathrm{d}u}{\mathrm{d}y} \tag{2.1.2}$$

と書き表せる．これは弾性材料に成り立つフックの法則と同様なものであり，式 (2.1.2) の関係が成り立つ流体を**ニュートン流体**（Newtonian fluid）とよぶ．一般に気体や水はニュートン流体である．

粘性係数の単位は定義式からわかるように Pa・s である．粘性係数の値は，15 ℃，1 気圧の条件で，空気では $\mu = 1.78 \times 10^{-5}$ Pa・s であり，水では $\mu = 1.14 \times 10^{-3}$ Pa・s である．なお，温度が上昇すると気体の場合は分子運動が活発になるため，粘性係数は増大する．逆に，液体の場合は分子構造が固体に近いため，温度が上昇すると粘性係数は減少する（油は温度が上昇すると滑らかになることを思い浮かべてほしい）．

2.2 圧 縮 性

空気（気体）の場合は圧力を加えることで容易に体積を変化することができる．これが**圧縮性**（compressibility）であり，液体にはほとんどみられない性質である．ある流体について，体積 V を $\mathrm{d}V$ だけ変化させたときの体積の変化率（$\mathrm{d}V/V$）とそれに必要な圧力の変化 $\mathrm{d}p$ の間にはフックの法則が成り立ち，次式で表される．

$$B \frac{\mathrm{d}V}{V} = -\mathrm{d}p \tag{2.2.1}$$

ここで B は体積弾性率であり，この値が小さいことは，同じ圧力変化に対して体積変化が大きいこと，つまり気体のように，より圧縮されやすいことを意味する．また圧力の増大により体積が減少するので，B は正の値である．ところで，式 (2.2.1) における V を単位質量当たりの体積とすると，密度 ρ は V の逆数に等しいので，

$$\mathrm{d}V = -\frac{\mathrm{d}\rho}{\rho^2} \tag{2.2.2}$$

の関係を用いると式 (2.2.1) は

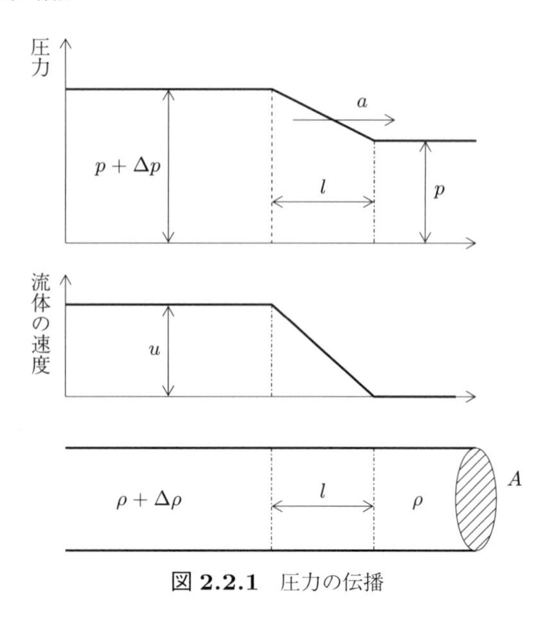

図 **2.2.1** 圧力の伝播

$$\frac{B}{\rho} = \frac{\mathrm{d}p}{\mathrm{d}\rho} \tag{2.2.3}$$

と書き直せる．$B > 0$ より $\mathrm{d}p/\mathrm{d}\rho > 0$ であり，次式のように値 a を定義する．

$$a \equiv \sqrt{\frac{\mathrm{d}p}{\mathrm{d}\rho}} \tag{2.2.4}$$

いま一様な管（断面積 A）に圧力 p，密度 ρ の静止している気体があったとする．管の左側の圧力が突然 $p + \Delta p$ まで増加し，それが値を変えることなく速度 a で右側へ伝播していく場合を考える（図 2.2.1）．圧力が p から $p + \Delta p$ へ変化するのに要する距離を l とすると，圧力変化が l を通過するのにかかる時間は $t = l/a$ であり，このとき同時に密度も ρ から $\rho + \Delta\rho$ まで変化する．つまり，この l の範囲の質量は時間 t の間に $Al(\rho + \Delta\rho) - Al\rho$ だけ増加し，単位時間当たりの質量の増加量は $Al\Delta\rho/t = Aa\Delta\rho$ となる．これだけ質量が増加するためには，管に左端から圧力増加に伴い流体が流入してこないといけない．この流体の流入速度を右向きに u とすると，単位時間に流入する流体の

体積 Au に密度 $(\rho + \Delta\rho)$ を乗じた $Au(\rho + \Delta\rho)$ が，単位時間当たりに流入してくる流体の質量になる．よって $Aa\Delta\rho = Au(\rho + \Delta\rho)$ が成り立ち，右辺括弧内の $\Delta\rho$ が ρ に対して微小量として省略すれば，次式が成立する．

$$a\Delta\rho = u\rho \tag{2.2.5}$$

続いて l の範囲の力学的要件を考える．この範囲内では時間 t の間に流体の速度が 0 から u まで増加するので，加速度は $u/t = ua/l$ になる．この範囲にある流体の質量は，時間 t の間の密度の平均値を用いることにすると $Al(\rho + \Delta\rho/2)$ に等しいが，上と同様に微小量を考慮に入れれば，結局 $Al\rho$ となる．これらの得られた質量と加速度を掛け合わせた値 $Al\rho \cdot ua/l$ が，運動方程式の考えより，この範囲の左側と右側に働く圧力差によって働く力 $A(p + \Delta p) - Ap = A\Delta p$ に等しくなる．すなわち

$$au\rho = \Delta p \tag{2.2.6}$$

が成り立つ．式 (2.2.5)，(2.2.6) より，u を消去し $\Delta p/\Delta\rho$ を微分記号で置き換えると

$$a = \sqrt{\frac{\mathrm{d}p}{\mathrm{d}\rho}} \tag{2.2.7}$$

が導かれる．これは式 (2.2.4) に等しい．

今までの説明では直線的な圧力上昇の場合について考えていたわけであるが，式 (2.2.5)，(2.2.6) でわかるように，これらの式には l が含まれていない．すなわち，以上の考えは圧力上昇の変化の程度に依存しないことを示している．一方，音とは微小な圧力変化の連続したものであるので，結局式 (2.2.4) あるいは式 (2.2.7) で表される圧力の伝播速度 a が**音速**（speed of sound）にほかならないのである．

ところで，圧縮性とは，圧力変化の大きさと流体の弾性率の比として捉えることができる．圧力変化の大きさは，流体のもつ単位体積当たりの運動エネルギー（$\rho q^2/2$）程度であると考えられる（3.5 節参照，q は流体の速度）．すなわち，式 (2.2.3)，(2.2.4) より，この圧縮性を表す比は $(\rho q^2/2)/B = (q/a)^2/2$

と表される．これは流体の速度 q が音速 a に比べて十分に小さいときには，圧縮性の影響を無視してよいことを意味している．ここで次式で定義される速度の比を**マッハ数**（Mach number）とよぶ．

$$M \equiv \frac{q}{a} \tag{2.2.8}$$

上記の考えにもとづけば，マッハ数 M の値が1に近づくまで増加していくと圧縮性の影響が大きく出ることを示している．このようにマッハ数は圧縮性の影響を示す指標として重要であることがわかる．参考までに気温15℃，1気圧での空気中の音速は約340 m/s であり，水中の音速は約1,500 m/s である．

3

空気力学の基本原理

本章では，流れを表現する基本的な考え方を述べた後に，空気力学の基本となる3つの保存原理，すなわち質量保存，運動量保存とエネルギー保存について，それらをもっとも簡単な形で示す．

3.1　流れの表現方法と流線

風は空気の**流れ**，つまり空気が運動したものである．また，静止大気中を飛ぶ飛行機では，機上から見ると上流から空気の流れが機体に当たることで，飛行に必要な揚力を発生している．このような流れを表現する方法には，次の2通りがある．まず**ラグランジュ**（Lagrange）**の方法**である．これは流体を微小な塊の集まりと捉え（分子レベルまで小さくする必要はない），個々の塊が時間とともにどのように運動していくかを表す方法である（速度は時間の関数になる）．個々の塊を質点と思えば，一般的な力学の取扱いと変わるところはない．2番目の方法は**オイラーの方法**である．これは空間内の1点に着目し，この点を通過する流体の運動がどのようになっているかを表す方法である（速度は時間と場所の関数になる）．道路上を走る1台の自動車に着目して，その車の速度を時間を追って記録していく場合がラグランジュの方法に対応し，特定の街角で次々に通過する自動車の速度を1台1台記録していくのがオイラーの方法に対応すると考えればよい．流体の場合は自動車とは異なり，個々の流体の塊を区別することは不可能であるため，オイラーの方法を用いて，流れの中に固定された1点における流体の運動を表現するのが普通である．本巻においてもこのような見方を用いる．

流れの中には，その運動が時間とともに変わらない場合がある．このような流れを**定常流**（steady flow）とよび，時間とともに変わる流れを**非定常流**（unsteady flow）とよぶ．なお，定常流では速度は場所のみの関数となる．

ところで，流体が運動すると，流体中の小さな塊はそれぞれ 1 つの道筋を描く．そこで，このような流体が描く道筋を表すために**流線**（streamline）が定義される．流線とは，ある瞬間に「その上の各点における接線が，その点における速度ベクトル $\vec{V}$ の方向に一致するような曲線」のことであり [5]，前出のオイラーの方法にもとづいた意味をもつ．非定常流では，流線はある瞬間において，流体中のさまざまな場所に存在する異なった小さな塊それぞれの速度の方向を示しているだけである．このため流線は，非定常流ではあまり意味のある概念ではない．なお，流線の定義から明らかなように，流線を横切る流れは存在しない．

ここで流線以外に流体の動きを表現する手法を 2 つ紹介する．例えば風が吹いている状態で煙突から煙が連続して放出されているときに，煙突上方には煙でつくられた曲線が観察できる．これは**流脈線**（streak line）とよばれる．すなわち，流脈線とは，同じ位置から次々と粒子（この場合は煙）を放出したときに，ある瞬間にその別々の粒子を結ぶことで出来る曲線のことである．また**流跡線**（pathline）とは，1 つの流体の塊の動きを時間を追って追跡したときに描かれる曲線のことである（前出のラグランジュの方法に対応する）．これら定義の異なる 3 種の線は混同して用いられることがあるので，注意が必要である．なお，定常流の場合，3 種の線（流線，流脈線と流跡線）は一致するので，流線を知るためには流れの中で煙などの微小な粒子を固定された 1 点から連続的に流して，流脈線を観察すればよい．**煙風洞**（smoke wind tunnel）とはこの考えにもとづいて，上流から複数の煙の流脈線を流すことで，翼型周りの流線の様子を観察することを目的として使われてきた（図 3.1.1）．

また，流れの中にとられた任意の閉曲線上の各点から流線を描く場合を考える．このとき流線は 1 つの管を形作る．この管を**流管**（stream tube）とよぶ（図 3.1.2）．流線と同様に流管を横切る流れは存在しない．

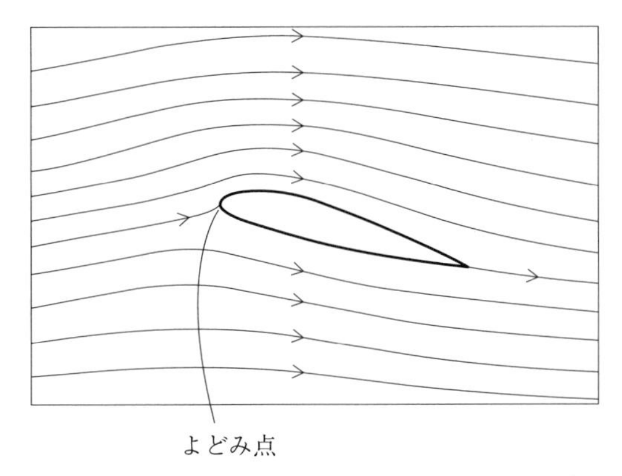

図 **3.1.1**　煙風洞による翼型周りの流れ場の観察

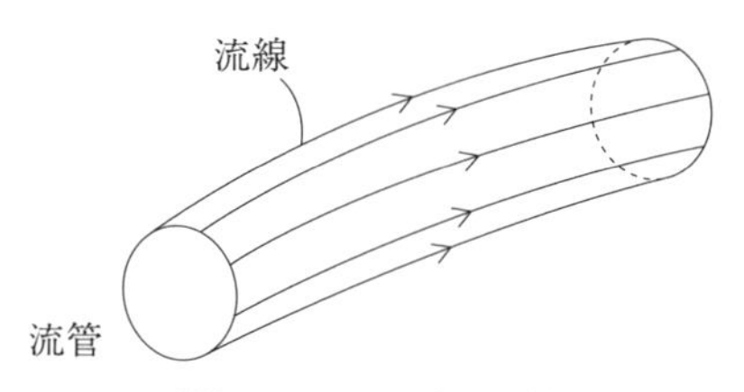

図 **3.1.2**　流線と流管

3.2　流れの基礎方程式

次に，流れの基礎方程式がどのように構成されるかをまとめる．流れの状態を表す量（方程式の未知数に対応）には 6 個ある．3 次元空間 (x, y, z) における速度の 3 成分 u, v, w，ならびに流体の圧力 p，密度 ρ そして温度 T の 6 個である．すなわち流れの基礎方程式を解くためには方程式が同じく 6 個必要になる．

流れの基礎方程式としては，流体の熱力学的状態を示す状態方程式があり，以下のとおりである．ここで R は気体定数である（ガス定数ともいう）．

$$p = \rho RT \tag{3.2.1}$$

これ以外に，流れの中では質量が保存されねばならないという質量保存則（方程式は 1 個），運動量保存則（方程式は 3 個），エネルギー保存則（方程式は 1 個）があり，総計 6 個の方程式で構成される．

よって，未知数 6 個に対して，方程式が 6 個立てられるので，独立変数として時間 t と 3 次元座標 (x, y, z) を用いることで，流れ場が解けることがわかる．

ところで，本第 I 部は，空気力学を概観してもらうことを目的としているために，流れの基礎方程式の厳密な導出は，後の部と巻に譲ることとする．その代わりに，もっとも簡単な形として，前節で述べた流管について成立する関係式（質量保存，運動量保存とエネルギー保存）を以降の節で導くこととしたい．

3.3　質量保存則

ここでは流れは定常であるとして図 3.3.1 に示す流管を一部分切り取ったものを考える．3.1 節で述べたように流管を横切る流れはないので，流れは流管の断面 A から流入し，断面 B から流出するのみであり，しかも流入量と流出量は一致しないといけない．断面 A の断面積を S_{A}，流入速度を q_{A}，密度を ρ_{A} とすると，単位時間当たりに断面 A に流入する流体の体積は $q_{\mathrm{A}} \times 1 \times S_{\mathrm{A}}$ である（1 は 1 単位時間という意味）．よって単位時間に流入する流体の質量（これを**流量**とよぶ）$\dot{m}_{\mathrm{A}}$ は $\dot{m}_{\mathrm{A}} = \rho_{\mathrm{A}} q_{\mathrm{A}} S_{\mathrm{A}}$ である．同様にして単位時間に流出する流体の質量 $\dot{m}_{\mathrm{B}}$ は $\dot{m}_{\mathrm{B}} = \rho_{\mathrm{B}} q_{\mathrm{B}} S_{\mathrm{B}}$ である（記号は図 3.3.1 参照）．先に述べたように $\dot{m}_{\mathrm{A}} = \dot{m}_{\mathrm{B}}$ でなければならないので，結局

$$\rho_{\mathrm{A}} q_{\mathrm{A}} S_{\mathrm{A}} = \rho_{\mathrm{B}} q_{\mathrm{B}} S_{\mathrm{B}} \tag{3.3.1}$$

が成立する．なお，ここで選んだ断面 A, B は任意に選ばれているので，式 (3.3.1) は一般的に

$$\rho q S = \mathrm{const.} \tag{3.3.2}$$

と書け，どの断面でも一定値を示す．これが**質量保存則**である．式 (3.3.2) は，

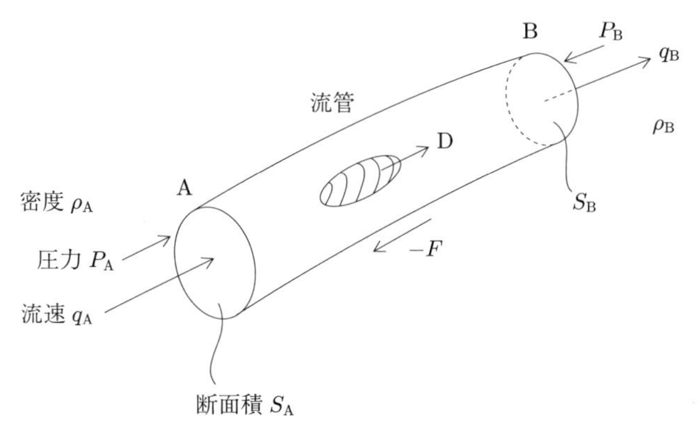

図 3.3.1 質量保存則と運動量保存則

連続の式（equation of continuity）ともよばれる．非圧縮性流れでは密度が一定であるので，連続の式は，

$$qS = \text{const.} \tag{3.3.3}$$

となる．この式からわかるように非圧縮性流れでは，流管の断面積の狭いところでは速度は速く，断面積が広いところでは速度は遅くなる．つまり速度の速いところでは流線が密集し，遅いところでは流線が広がるわけであり，ある物体周りの流線を描くことができれば，流線の分布の様子を見るだけで，物体周りの速度の様子を把握することができる．なお，本節では 1 つの流管に限って連続の式を導いたが，一般的な連続の式は第 II 部で取り扱う．

3.4 運動量保存則

前節と同じく流管の一部分について考える（図 3.3.1）．運動量保存の観点からは，断面 A から流入する単位時間当たりの運動量と断面 B から流出するそれとの差（変化）が流管内の流れに働く外力の総和に等しいと考えればよい．単位時間に断面 A から流入する運動量は，前節で求めた単位時間に断面 A から流入する質量 $\dot{m}_A$ に流入速度 q_A を掛け合わせた $\rho_A S_A {q_A}^2$ に等しく，断面 B から流出するそれは $\rho_B S_B {q_B}^2$ であるので，両者の差である $\rho_B S_B {q_B}^2 -$

$\rho_\mathrm{A} S_\mathrm{A} {q_\mathrm{A}}^2$ が単位時間当たりの運動量の変化になる（ここで，流出する運動量を正としていることに注意）．一方，流体に働く外力の 1 つに断面 A と B に働く圧力がある．圧力 P_A によって断面 A に下流方向へ働く力 $P_\mathrm{A} S_\mathrm{A}$ と圧力 P_B によって断面 B に上流方向へ働く力 $P_\mathrm{B} S_\mathrm{B}$ の差，すなわち合力 $P_\mathrm{A} S_\mathrm{A} - P_\mathrm{B} S_\mathrm{B}$ である．また流管の側壁に働く圧力による下流方向成分もあり，断面 A から B 間の側壁に加わる力を PS_x と表す．さらに流管壁面に働く粘性応力の総和（粘性力と総称する）がある（ただし非粘性流れとすれば，この粘性力は 0 である）．また，もし流管の中に物体が置かれていると，その物体には抗力 D が下流方向へ働くが，その反力として流体には $-D$ が働くことになる．ここでともに流れの運動を妨げる方向に働く粘性力と流管内の物体に働く抗力の反力の和を $-F$ と表す．結局，流体に働く外力は $(P_\mathrm{A} S_\mathrm{A} - P_\mathrm{B} S_\mathrm{B}) + PS_x - F$ と書ける（下流方向に働く力を正にとる）．以上より，**運動量保存則**は次式で表されることになる．

$$\rho_\mathrm{B} S_\mathrm{B} {q_\mathrm{B}}^2 - \rho_\mathrm{A} S_\mathrm{A} {q_\mathrm{A}}^2 = (P_\mathrm{A} S_\mathrm{A} - P_\mathrm{B} S_\mathrm{B}) + PS_x - F \tag{3.4.1}$$

本節で取り扱った運動量保存則は，1 つの流管に限って成立する．より一般的な運動量保存則（すなわち運動方程式）は，非粘性流れについては**オイラー方程式**（Euler's equation of motion），粘性流れについては**ナビエ・ストークス方程式**（Navier-Stokes equation）とよばれ，ともに圧縮性流れについて成立する（第 II 部 6.2 節ならびに第 2 巻参照）．

3.5　エネルギー保存則

ここまでと同様に流管内の流れについて定常流の場合について考える．ここでは非粘性・非圧縮性流体を取り扱う．流管内を流れる流体の運動量変化，流管の両端に働く圧力による仕事と重力による位置エネルギーの変化のみについて考え，外部からの熱エネルギーの供給と熱力学的内部エネルギーの変化については考慮しない．

まず，断面 A に流入する単位質量当たりの流体がもつ運動エネルギーは ${q_\mathrm{A}}^2/2$ であり，断面 B から流出するそれを考えると，断面 A から B にいたる間の単位質量当たりの流体の運動エネルギーの変化量は，$({q_A}^2 - {q_B}^2)/2$ と表される．

次に断面Aに働く圧力が単位時間当たりに行う仕事について考えると，断面Aに働く圧力は $P_A S_A$ であり，単位時間当たりの移動量（流体の変位）は q_A であるので，この仕事は $P_A S_A q_A$ となる．一方，単位時間当たりに移動する流体の体積は $q_A S_A$ であり，密度は ρ_A であるので，この部分の質量は $\rho_A q_A S_A$ である．よって断面Aにおいて圧力が流体の単位質量当たりに単位時間になした仕事は $(P_A S_A q_A)/(\rho_A q_A S_A) = P_A/\rho_A$ となる．断面Bでは逆に負の仕事となるため $-P_B/\rho_B$ となる．以上より，断面AB間で流管内の流体に単位質量当たり，単位時間に圧力が行った仕事は，$P_A/\rho_A - P_B/\rho_B$ と表される．また，重力による位置エネルギーについては，断面AとBにおいて，それぞれ gz_A，gz_B と表すこととする（g は重力加速度，z は高度）．

以上より，断面AとBにおけるエネルギーの保存を考えると結局，

$$\frac{1}{2}({q_A}^2 - {q_B}^2) + (gz_A - gz_B) + \left(\frac{P_A}{\rho_A} - \frac{P_B}{\rho_B}\right) = 0$$

が成り立ち，

$$\frac{1}{2}{q_A}^2 + gz_A + \frac{P_A}{\rho_A} = \frac{1}{2}{q_B}^2 + gz_B + \frac{P_B}{\rho_B} \tag{3.5.1}$$

とも表される（なお，非圧縮性を仮定しているので $\rho_A = \rho_B$ である）．断面A, Bは任意に選ばれているので，質量保存則の場合と同様に式(3.5.1)は一般的に

$$\frac{1}{2}q^2 + gz + \frac{P}{\rho} = \text{const.} \tag{3.5.2}$$

と書け，どの断面でも一定値を示す．これが**エネルギー保存則**である．なお，この式(3.5.2)は，これを導出したベルヌーイ（Bernoulli）の名前をとって，**ベルヌーイの定理**（Bernoulli's principle）あるいはベルヌーイの式（Bernoulli's equation）とよばれる．

次に重力による位置エネルギーの変化のない場合を考えると，式(3.5.2)は，

$$\frac{1}{2}\rho q^2 + P = P_0 \qquad (3.5.3)$$

と書き換えられる（P_0 は一定値）．式 (3.5.2)，(3.5.3) については粘性の影響を考慮していないことに注意が必要である．粘性流れではベルヌーイの式は成立しない．

ところで式 (3.5.3) 左辺第 1 項の $\rho q^2/2$ は，単位体積当たりの流体がもつ運動エネルギーであり，圧力 P と同じ次元を有している．このため流体が運動することで得られた圧力とみなすこともでき，この項を**動圧**（dynamic pressure）とよぶ．これと対比して左辺第 2 項の P は**静圧**（static pressure）とよばれる．また P_0 は動圧と静圧の和を示しており，これが常に一定値を保つことになる．そこで P_0 を**総圧**（total pressure）とよぶ．式 (3.5.3) より総圧は速度が $q = 0$ のときの静圧に等しい．

なお，総圧の記号の添字として 0 の代わりに t を用いることもある．また本節のような流管内流れではなく，物体周りの流れを扱う場合には，静圧の記号に添字として記号 ∞（無限大の記号，一様流を意味する）を用いる（第 II 部 7.2 節参照）．

ここで，翼型のような物体に流れが当たる場合を考える．この場合，物体の先端付近の 1 カ所に流線の 1 つはぶつかり，そこでせき止められることになる．この他の流線は上下左右に分かれて，物体表面に沿って下流へ流れていく（図 3.1.1）．このせき止められた 1 つの流線については，物体表面で速度が 0 になっており，この点のことを**よどみ点**（stagnation point）とよぶ．また式 (3.5.3) より，このよどみ点に働く圧力は流れの総圧 P_0 に等しい．

本節では，定常，非粘性，非圧縮性流れの 1 本の流管について成立するベルヌーイの定理を示した．圧縮性流れに関するベルヌーイの式については第 5 章において再度扱う．なお，一般的な流れにおけるベルヌーイの定理の導出は第 II 部で述べる．また，熱力学的挙動も考慮に入れた一般的なエネルギー保存則については第 2 巻，第 3 巻において扱う．

3.6　ベルヌーイの定理の応用

ここまで，流管について考えることで得られる流体力学の 3 種の基本原理について述べてきた．本節では，これらの原理を特にベルヌーイの定理を中心にして実際の流れ場に適用してみたい．

3.6.1　水槽の底の小孔から水が流れ出る場合

いま大きな水槽の底に小さな孔を開け，そこから流れ出る水の速度を求めたい（図 3.6.1）．水槽は十分に大きく，小孔から水が流れ出ても，水槽の水面の高さは変わらないとする．また水槽水面においても，小孔位置においてもともに圧力は大気圧 P_{atm} に等しい．このとき水面 A から小孔出口 B までつながる流管に対して，式 (3.5.2) を適用すると，

$$0 + gz_{\mathrm{A}} + \frac{P_{\mathrm{atm}}}{\rho} = \frac{1}{2}{q_{\mathrm{B}}}^2 + gz_{\mathrm{B}} + \frac{P_{\mathrm{atm}}}{\rho}$$

が成り立つ．ここで z_{A} は水面の高さ，z_{B} は小孔の高さ，q_{B} は小孔出口の速度である．すなわち小孔から流れ出る水の速度は，

$$q_{\mathrm{B}} = \sqrt{2g(z_{\mathrm{A}} - z_{\mathrm{B}})} = \sqrt{2gh} \tag{3.6.1}$$

によって求められる（h は水面から小孔までの鉛直距離）．

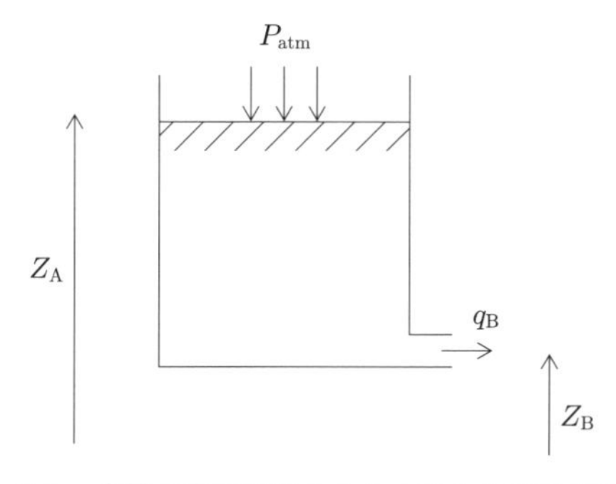

図 3.6.1　水槽の底に開けられた小孔から流れ出る流体

例えば，$h = 1\,\mathrm{m}$ であれば，q_B は約 4.3 m/s と求められる．

3.6.2 ピトー静圧管

流れの速度を測るための計器に**ピトー静圧管**（Pitot-static tube）がある．丸みを有した管の先端に１つの孔が開けてあり，また管の側面にもう１つの孔が開けてあり，それぞれの孔の圧力を別々に計測できるようにした管のことである．このピトー静圧管はベルヌーイの定理にもとづいて流れの総圧と静圧の差から流れの速度を計測する機器である．詳細については，第 II 部 7.2.2 項で述べる．

3.6.3 ピトー静圧管を用いずに低速風洞の主流風速を求める方法

図 3.6.2 は，吸い込み型低速風洞の模式図である．この風洞は，測定部の下流側に送風機を設置し，上流側に設けた空気吸い込み口から大気を吸い込むことで，測定部に所定の気流を作り出す風洞であり，エッフェル型風洞ともよばれ，比較的小型の低速風洞に用いられる方式である（風洞については第２巻において説明がある）．空気取り入れ口後方で流路を絞り込み，測定部断面積を空気取り入れ口断面積よりも小さくすることで，測定部において大きな流速を得ている．比較的小型の風洞の場合，測定部内にピトー静圧管を設置する余裕がないので，その代わりに空気取り入れ口での壁面静圧 P_1 と測定部での壁面静圧 P_2 を測定して主流風速を求める方法が用いられる．壁面静圧とは，壁の表面に垂直方向に微小な孔を開け，その孔に働く圧力のことであり，孔の位置を流れる流体が有する静圧のことである．そのためこの孔を**静圧孔**とよぶ．ここで空気取り入れ口の断面積を S_1，そこにおける流速を q_1，風洞測定部の断面積を S_2，測定部流速を q_2 とする．このとき連続の式 (3.3.3) より，

$$q_1 S_1 = q_2 S_2$$

であり，ベルヌーイの定理 (3.5.3) より

$$\frac{1}{2}\rho {q_1}^2 + P_1 = \frac{1}{2}\rho {q_2}^2 + P_2$$

が成り立つ．両式を連立させて解くことにより，結局

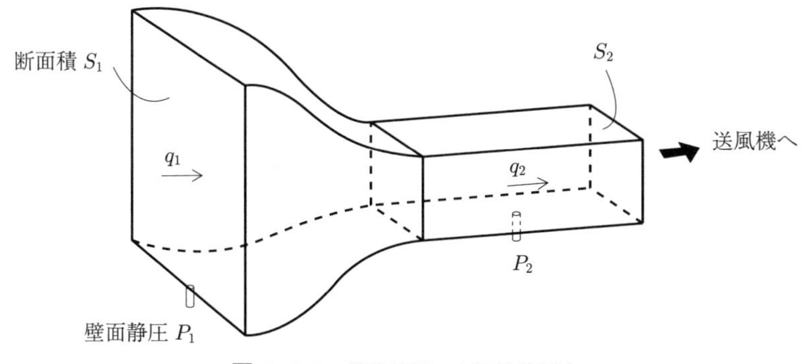

図 3.6.2　低速風洞の主流風速測定

$$q_2 = \sqrt{\frac{2(P_1 - P_2)}{\rho\left(1 - \frac{{S_2}^2}{{S_1}^2}\right)}} \tag{3.6.2}$$

となり，$P_1 - P_2$ を測ることで風洞測定部における流速が求められる．

3.6.4　マノメーター

前項の方法で低速風洞の主流風速を知るためには，2 点の圧力差を測ることが必要であると述べた．空気の場合に圧力差を精度良くかつ簡便に計測する装置がマノメーターである．これは図 3.6.3 のように，ある程度の大きさの水槽の脇から細い管が鉛直方向に伸びている装置であり，その中に液体（精製水やエチルアルコールを用いることが多い）が入れられている．いま，水槽の上部に開けられた孔（水槽液面高さよりは上部に位置する）に高い方の圧力（例えば総圧 P_0）を，細い管の上部に低い方の圧力（例えば静圧 P）をかけたとすると，両者の圧力の差により，細い管内の液面は上昇する．そこで，水槽内の液面と細い管内の液面の高さの差 h を測定すれば，この高さの間にある液体の重量と圧力差による力が釣り合うことより，測定したかった圧力差が求められることになる．すなわち

$$P_0 - P = \rho_L g h \tag{3.6.3}$$

が成り立つ（ρ_L はマノメーターに用いた液体の密度）．

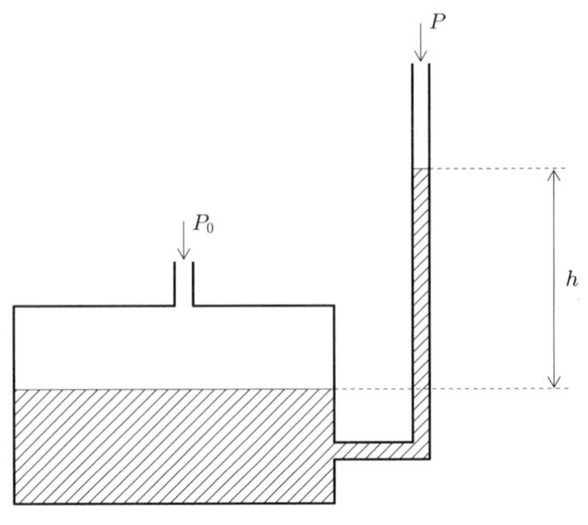

図 3.6.3　マノメーターの原理

水槽の断面積は細い管の断面積よりも十分に大きいので，上記のようにマノメーターを使用した場合に水槽内の液面高さは変化しないと考えられるため，水槽内液面高さを固定しておいて細い管内の液面高さを測ればよいことになる．

ここで，3.6.3 項で述べた低速風洞の主流風速（測定部流速）をマノメーターを使って計測することを考えたい．低速風洞の空気取り入れ口の断面は 1 [m] × 1 [m] の矩形，風洞測定部の断面は 0.3 [m] × 0.3 [m] の矩形であったとする．空気取り入れ口での壁面静圧 P_1 と測定部での壁面静圧 P_2 をマノメーター（作動流体は水）に接続したところ，マノメーターは $h = 4\,\mathrm{mm}$ を示した．このときの空気密度が $\rho = 1.226\,\mathrm{kg/m^3}$ とすると，主流風速は，以下のとおり求められる．

水の密度は $\rho_L = 1,000\,\mathrm{kg/m^3}$ なので，まず式 (3.6.3) より

$$P_1 - P_2 = 1,000 \times 9.8 \times 0.004 = 39.2\,\mathrm{N/m^2}$$

であり，式 (3.6.2) より

$$q_2 = \sqrt{\frac{2 \times 39.2}{1.226 \times \left(1 - \frac{(0.3\times0.3)^2}{(1\times1)^2}\right)}} = 8\ \mathrm{m/s}$$

となって，風洞の主流風速 q_2 が 8 m/s と得られる．

4

粘性流れ

本章では，第 2 章で述べた空気の重要な特徴の 1 つである粘性が流れに及ぼす影響について述べる．本書では粘性流体力学の概要のみを述べるため，詳しくは本シリーズの第 2 巻を参照されたい．

4.1 レイノルズ数

ある流れの中で粘性力が卓越していたとすると，2.1 節で述べたように粘性により流れは運動量を失う．一方，流れの流速が速い場合は，それが有する高い運動量（つまり慣性力）のために，たとえ粘性力が働いたとしても，その影響は限定的となる．このように考えると，流体のもつ慣性力と粘性力の比をとることで粘性の影響を表すことができるであろう．

いま定性的に流体の影響を議論するために密度 ρ の流体の代表的な速度を U（これは物体から遠く離れたところの速度，いわゆる一様流速度をとることが多い），代表的な長さを l（これは物体の長さや管の直径をとることが多い）とする．このとき代表時間は l/U と表せるので，単位体積当たりの流体がもつ慣性力は，[単位体積当たりの質量] × [加速度] = [密度] × [速度/代表時間] = $[\rho] \times [U/(l/U)] = [\rho U^2/l]$ と書ける．一方，単位体積当たりの粘性力は，単位面積当たりに働く粘性力［式 (2.1.2) 参照］を代表長さで割った値と考えることができ，すなわち，$[\mu \mathrm{d}U/\mathrm{d}y]/[l] = [\mu U/l]/[l] = [\mu U/l^2]$ と書ける．よって慣性力と粘性力の比は，

$$Re \equiv \frac{\rho U^2/l}{\mu U/l^2} = \frac{\rho U l}{\mu} \tag{4.1.1}$$

と表される．この無次元パラメーター Re は**レイノルズ数**（Reynolds number）

とよばれている.

いま幾何学的に相似な2つの物体があり，それぞれの物体周りの流れについて考えてみる．もし，これらの流れに関して，それぞれの流体に働く慣性力と粘性力の比が同じである（すなわちレイノルズ数が同一である）場合は，この2つの流れは力学的にも相似になる（つまり2つの物体周りの流線などが相似になる）ことを意味する（これについては4.2.1項と第2巻を参照されたい）．この意味でレイノルズ数は流体力学上，非常に重要なパラメーターである．

次に**動粘性係数**（kinematic coefficient of viscosity）ν を次式のように定義する（ν（ニュー）はギリシャ文字である）.

$$\nu \equiv \frac{\mu}{\rho} \tag{4.1.2}$$

このとき，レイノルズ数は

$$Re = \frac{Ul}{\nu} \tag{4.1.3}$$

と書き表される.

ここで具体的な流れ場に関してレイノルズ数の値を調べてみたい．まず温度20℃においてグリセリンが直径1 cmの管の中を速度10 cm/sで流れている場合を取り上げる．このときグリセリンの密度は $\rho = 1.26 \times 10^3\ \mathrm{kg/m^3}$，粘性係数は $\mu = 1.41\ \mathrm{Pa \cdot s} = 1.41\ \mathrm{kg/(m \cdot s)}$ であるので，管の直径を代表長さにとったレイノルズ数は，$Re = 1.26 \times 10^3 \times 0.10 \times 0.01/1.41 = 0.89$ と求められる．一方，温度15℃において翼弦長15 cmの模型飛行機が地面の近くを秒速10.0 mで飛行している場合は，空気密度は $\rho = 1.23\ \mathrm{kg/m^3}$，粘性係数は $\mu = 1.81 \times 10^{-5}\ \mathrm{Pa \cdot s} = 1.41\ \mathrm{kg/(m \cdot s)}$ であるので，翼弦長を基準としたレイノルズ数は，$Re = 1.23 \times 10.0 \times 0.15/(1.81 \times 10^{-5}) = 1.00 \times 10^5$ となる．ちなみにこの場合の空気の動粘性係数は $\nu = \mu/\rho = 1.50 \times 10^{-5}\ \mathrm{m^2/s}$ である．さらには，主翼の翼弦長が10.0 mであるジェット旅客機が高度10,000 mの大気中（温度 −44℃）を時速720 km（200 m/s）で飛行している場合について考える．この高度での空気の動粘性係数は $\nu = 3.24 \times 10^{-5}\ \mathrm{m^2/s}$ であり，翼弦長を基準とするレイノルズ数は，$Re = 200 \times 10.0/(3.24 \times 10^{-5}) =$

6.17×10^7 となる．このように，グリセリンのような粘度の高い液体が流れる管内流れの場合はレイノルズ数が非常に小さくなり，逆に液体よりも粘性の低い空気中を飛行する飛行機の場合はレイノルズ数が大きくなることがわかる．

4.2 境　界　層

前節の終わりに示した例のように，ある程度レイノルズ数が大きい空気の流れについて，ここで考えていく．このレイノルズ数領域では，粘性力の影響が慣性力に比べて小さいため，物体表面から大きく離れた領域では，粘性力の影響を無視してよい．ところで，物体表面の近くでは，粘性の影響により物体表面に流体が必ず付着し，流速は0となる．なぜならば，静止している物体表面と，そのすぐ脇を流れる流体の間には粘性による剪断応力が働くためである（2.1 節参照）．すなわち物体からある程度離れたところでは，非粘性的な流れで，かつ，ある程度の速度を有した流れ場であったとしても，物体表面に近づくにつれて，急激に速度を減じて物体表面において速度が0になる流れが存在することになる．この速度の急減は物体表面に近い薄い領域（層）に限られる．注意すべき点は，ここで考えている流れのレイノルズ数が小さくないため，この粘性力の影響が出る層内では，慣性力の影響も無視することはできない点である．この薄い層のことをドイツのプラントル（Prandtl）は1904年に**境界層**（boundary layer）と名付けた．この考えによると，境界層の外側は非粘性流れとなり，境界層内だけを粘性流れとして取り扱えばよいことになる．

4.2.1　境界層の厚さ

物体表面（壁面）から境界層の外縁（boundary layer edge，粘性の影響が及ばなくなる高さ）までの距離を境界層の厚さ（boundary layer thickness）とよび，記号 δ で表す．

この境界層の厚さについて，その厚みの程度について調べてみる（以下ならびに 4.2.2 項の記述は文献 [6] にもとづいたものである）．基礎方程式に従って厳密に境界層を取り扱う方法については本シリーズ第2巻を参照されたい．

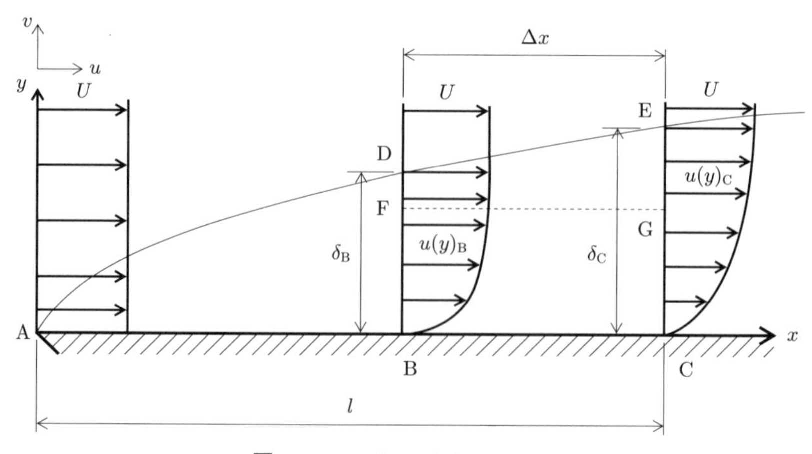

図 4.2.1　平板に発達する境界層

ここでは，主流（速度 U）に平行に置かれた平板に沿って発達する境界層について考える（図 4.2.1）．上流から下流まで主流速度は一定であり，下流方向への圧力勾配も存在しないとする．平板の先端（点 A，この点を平板表面に沿った座標軸である x 軸の原点にとり，x 軸に垂直上向きに y 軸をとる）から境界層が発達し始めるため，y 軸に沿った位置での流速は，どこでも主流速度 U に等しい．下流側の点 B においては，境界層ができており，境界層の外縁（点 D）よりも上方では，流速は U に等しい．点 D での境界層厚さを δ_{B} とし，点 D の下方の境界層内流速分布を $u(y)_{\mathrm{B}}$ とする（u は x 軸方向の速度成分）．図 4.2.1 のように点 D において流速は U であるが，下方に向かって速度は減少し，点 B では速度は 0 となる．ところで，境界層内の y 軸方向の速度成分 v についてであるが，先述のようにレイノルズ数がある程度大きい流れでは境界層は十分に薄いと考えられるために，下流に行くにつれての境界層の y 方向への発達の程度も小さく，本節の議論ではいったん v を無視する．次に点 B から下流方向に微小な距離 Δx にある点 C の境界層厚さを δ_{C}，境界層内流速分布を $u(y)_{\mathrm{C}}$，境界層外縁位置を点 E，平板先端から点 C までの距離を l とおく．

いま，点 DBCE で囲まれる領域を出入りする流体のもつ運動量について考えよう（図に垂直方向に単位幅をとる）．BD 面に上流側から単位時間に流入

する運動量は，

$$\int_0^{\delta_\mathrm{B}} \rho u(y)_\mathrm{B}^2 \mathrm{d}y$$

であり，CE 面から流出する運動量は，

$$\int_0^{\delta_\mathrm{C}} \rho u(y)_\mathrm{C}^2 \mathrm{d}y$$

である．壁面上の BC 間で流体が壁面から受ける粘性による剪断力は，

$$-\mu \left(\overline{\frac{\partial u}{\partial y}} \bigg|_{y=0} \right) \Delta x$$

と書ける（本来 BC 間では $y = 0$ における速度勾配は変化するが，ここでは BC 間での速度勾配の平均値 $\overline{\frac{\partial u}{\partial y}}\Big|_{y=0}$ で代表させる）．このほかに境界層外縁の DE 面を通過する運動量もあるが，これは，境界層外縁における y 方向の流速 v と関連付けられ，CE，BD 各面を流出，流入する運動量の差と同程度であることが確認されており，次に行う大きさの程度の見積りには影響しないため，ここでは省略する．この点や流れ場によっては存在する主流方向の圧力勾配の影響を考慮に入れた考え方は第 2 巻を参照されたい．

以上より，この DBCE 面に関して運動量の釣合い式を立てると，

$$\int_0^{\delta_\mathrm{C}} \rho u(y)_C^2 \mathrm{d}y - \int_0^{\delta_\mathrm{B}} \rho u(y)_\mathrm{B}^2 \mathrm{d}y = -\mu \left(\overline{\frac{\partial u}{\partial y}} \bigg|_{y=0} \right) \Delta x \tag{4.2.1}$$

となる．Δx が小さいため $\delta_\mathrm{B} \approx \delta_\mathrm{C} = \delta$ とし，x 軸方向の運動量の変化を

$$\rho u(y)_\mathrm{C}^2 = \rho u(y)_\mathrm{B}^2 + \frac{\partial(\rho u^2)}{\partial x} \Delta x + \cdots \tag{4.2.2}$$

と近似すれば，式 (4.2.2) を式 (4.2.1) に代入することで，

$$\int_0^{\delta} \frac{\partial(\rho u^2)}{\partial x} \mathrm{d}y = -\mu \left(\overline{\frac{\partial u}{\partial y}} \bigg|_{y=0} \right) \tag{4.2.3}$$

と書ける．ここで，この式の各項の大きさの程度の見積りを行ってみる．x は

$x=0$ から $x=l$ まで，y は $y=0$ から $y=\delta$ まで，境界層内流速分布 $u(y)$ は $u=0$ から $u=U$ まで値は変化する．すなわち式 (4.2.2) の左辺と右辺の大きさの程度は，それぞれ

$$\int_0^\delta \frac{\partial(\rho u^2)}{\partial x}\mathrm{d}y \approx \int_0^\delta \frac{\partial(\rho U^2)}{\partial x}\mathrm{d}y \approx \int_0^\delta \frac{\rho U^2}{l}\mathrm{d}y \approx \frac{\rho U^2\delta}{l}$$

$$-\mu\left(\overline{\frac{\partial u}{\partial y}}\bigg|_{y=0}\right) \approx \mu\frac{U}{\delta}$$

と表されるので，結局，両者が等しいとおくことで，

$$\delta^2 \approx \frac{\mu l}{\rho U} \tag{4.2.4}$$

と書ける，この式は，平板先端から l の距離にある境界層の厚さ δ の程度を与える．すなわち，先端からの距離が長いほど，あるいは粘性係数が大きいほど（粘性力が強いほど）境界層は厚く，主流の流速が速いほど（慣性力が強いほど）境界層は薄くなることがわかる．

次に式 (4.2.4) を無次元化してみる．すなわち，

$$\frac{\delta}{l} \approx \sqrt{\frac{\mu}{\rho U l}} = \frac{1}{\sqrt{Re}} \tag{4.2.5}$$

となる（Re は主流流速 U と先端からの距離 l にもとづくレイノルズ数）．この式より，たとえ粘性係数 μ や主流流速 U の値が変化してもレイノルズ数が一定であれば δ/l は，μ や U，l などに無関係に同一の値になることを意味しており，4.1 節で説明した力学的相似関係を表している（**レイノルズの相似則**とよばれる）．なお，本節の議論では境界層厚さは薄い（δ が l に比べて十分に小さい）ことを仮定しており，これは，Re が 1 よりも十分に大きい流れにおいてのみ，式 (4.2.5) が成り立つことを意味している．

4.2.2 境界層内での壁面に鉛直方向の流れ

4.2.1 項では，境界層内での y 方向流速成分 v を無視していた．ここでは，この v の大きさの程度について考える．図 4.2.1 に示した流れに関して，壁面位置 B において，境界層厚さ δ_{B} よりは低い高さの点 F をとる．さらに，その下流側の点 C において，点 F と同じ高さの点 G をとる．この境界層は，下

流へ流れるにつれて境界層厚さを増しているので［式 (4.2.5) 参照］，FG 面では下から上に向かっての流れが存在する（つまり $v > 0$）と考えるのが妥当である．このとき，点 BFGC で囲まれる領域に関しての流量の保存を考えれば，BF 面に上流側から流入する流量は CG 面から下流へ流出する流量よりも多くなる．すなわち，左辺に BF 面と CG 面を流入，流出する流量の差，右辺に FG 面を下方から上方へ流出する流量をとった関係式は次のようになる［ただし BF 間の距離は境界層の厚み δ と同程度とする．さらに式 (4.2.1), (4.2.2) と同様な関係式を使い，FG 面での v は FG 間で一定とする］．

$$\int_{\mathrm{B}}^{\mathrm{F}} \left(\frac{\partial(\rho u)}{\partial x} \Delta x \right) \mathrm{d}y = \rho v \Delta x$$

ここで 4.2.1 項と同様に各項の大きさの程度の見積りを行うと，

$$\rho \frac{U}{l} \delta \approx \rho v$$

であり，これに式 (4.2.5) を代入すると

$$\frac{v}{U} \approx \frac{\delta}{l} \approx \frac{1}{\sqrt{Re}} \tag{4.2.6}$$

となることがわかる．すなわち，レイノルズ数の大きい流れでは，境界層内での垂直方向の流速は主流の流速に比べてきわめて小さいことがわかり，前節で述べた v に関する仮定は妥当であった．

ここで平板の表面に働く粘性による摩擦力について考えてみたい．単位面積当たりに働く摩擦力 τ を表す式 (2.1.2) に，大きさの程度の見積りを行い，式 (4.2.4) を代入すると，

$$\tau = \mu \left(\left. \frac{\mathrm{d}u}{\mathrm{d}y} \right|_{y=0} \right) \approx \mu \frac{U}{\delta} \approx \mu U \sqrt{\frac{\rho U}{\mu l}} = \sqrt{\frac{\rho \mu U^3}{l}}$$

となる．この τ を主流の動圧（$\rho U^2/2$）によって無次元化したものは，平板に対して局所的に働く摩擦力を表すので，**局所摩擦係数**（coefficient of local friction）C_τ とよばれ，次式で定義される．

$$C_\tau \equiv \frac{\tau}{\frac{1}{2}\rho U^2} \approx 2\sqrt{\frac{\mu}{\rho U l}} \propto \frac{1}{\sqrt{Re}} \tag{4.2.7}$$

すなわち，v/U や δ/l と同様に，境界層が発達している平板の局所位置に働く局所摩擦係数 C_τ は，平板の先端からの距離 l を代表長さにとったレイノルズ数の平方根に反比例することを示している．

ところで，ここまでの議論は，代表長さ（平板の先端からの距離）に比べて境界層の厚さが十分に小さいときにのみ成立することを改めて述べておく．すなわち平板の先端に近い位置では，本節の議論は適用されない．

4.3 層流と乱流

水を満たした水槽の中に細い管を水平に置き，水槽の外へまで管を引き出しておく．管の栓を開いて水を管の中へ流す．このとき管の先端から着色した水を少量ずつ送り込む．栓を調整することで，管の中を流れる水の速度を調整しながら，実験を行う．このとき，速度が遅い間は管の中を着色された水が細い線となって下流まで長く伸びていくであろう．一方，水の速度がある程度速くなると，着色された水はある地点から下流では乱れ始め，不規則に周りの水と混合し始め，その下流全体に広く広がって流れるようになるであろう（図 4.3.1）．前者のように流れが秩序正しく層をなして運動する流れを**層流**（laminar flow），後者のように時間とともに変化し不規則に混合しながら運動する流れを**乱流**（turbulent flow）とよぶ．また，層流から乱流へ移り変わることを**遷移**（transition）とよぶ．

レイノルズ（Reynolds）は 1883 年に上記の実験を行うことで，管の直径 d と管内の流速 U で定義されるレイノルズ数（$Re = Ud/\nu$）がある一定値を超えると層流から乱流への遷移が起こることを確かめた．4.1 節で述べたようにレイノルズ数は力学的に相似な流れを示すパラメーターであり，この相似の考えが遷移にも適用されるとレイノルズは考えたわけである．ただし，管の入口の形状がラッパ状のもののほうが，単に鋭い切り口のままにしておくよりも，遷移レイノルズ数が高くなることも示した．このことは，遷移が管の入口付近の流れの状態に影響を受けることを示している．管の入口の形状を工夫することで，入口付近でつくられた非常に小さい乱れ（これを擾乱（じょうらん）とよぶ）が小さければ，遷移レイノルズ数が高くなる．つまり擾乱が成長して乱流への遷移

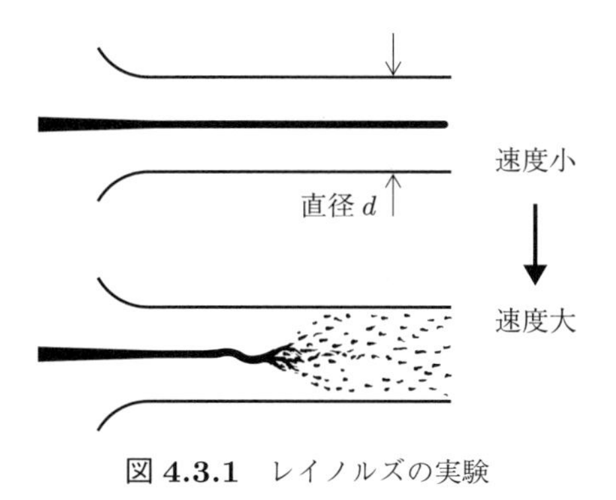

図 4.3.1 レイノルズの実験

を起こしにくくなる．このことは，レイノルズ数が流体のもつ慣性力と粘性力の比を表すパラメーター（4.1 節）であることから説明できる．すなわち，レイノルズ数が小さい場合は，粘性力が卓越しており，たとえ管の入口で擾乱が発生したとしても，それは粘性の効果によって減衰し，乱流を生じることはない．一方，レイノルズ数が大きい場合には，粘性力の作用が弱まり，擾乱が減衰されにくくなり，乱流への遷移が起こるのである．層流を保つか，それとも乱流が発達するかの限界になるレイノルズ数のことを**臨界レイノルズ数**（critical Reynolds number，Re_{crit}）とよぶ．先の水槽内に置かれた管に関する実験では，管の入口の形状などの実験条件によって値は変化するが，臨界レイノルズ数は Re_{crit} =2,000〜20,000 程度の値である．

ところで，2.1 節で説明したように粘性力とは，分子の運動によって発生する運動量のやりとりに起因している．層流の場合は，この説明で理解されるが，乱流の場合は分子運動よりも圧倒的に規模が大きい運動を示し，これを乱流の拡散作用とよぶ．乱流の場合，層流に比べて運動量の輸送がさかんで，例えば速度分布を一様な状態により近づける性質をもつ．これによって管内の流れや次に述べる境界層流れでは壁面の近くで流速が一気に 0 まで減速されることになる．すなわち壁面近くでの速度勾配を増し，表面摩擦応力が層流のときよりも大きくなる性質を示す．

物体表面に発達する境界層に関しても，層流と乱流で区別される．ここで前節と同様に平板に発達する境界層を例にとって説明する．平板先端から最初

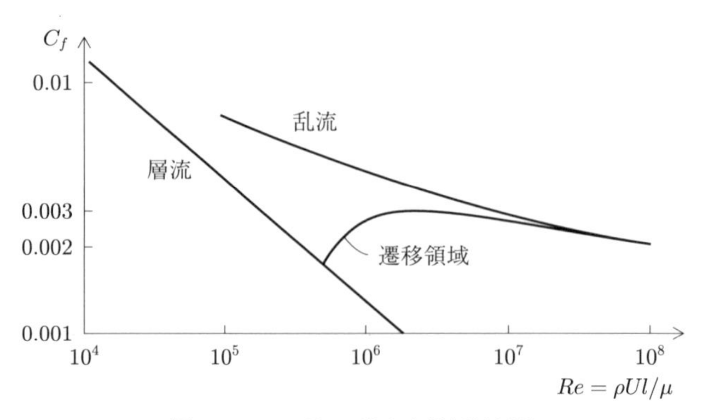

図 4.3.2　平板に働く摩擦抵抗係数

に発達する境界層は層流の状態であり，これを**層流境界層**（laminar boundary layer）とよぶ．管内流れと同様に主流流速 U と平板先端からの距離 l にもとづくレイノルズ数 Re によって，層流境界層から**乱流境界層**（turbulent boundary layer）へ遷移する臨界レイノルズ数があることは理解されよう．ただし平板表面の滑らかさ（粗さ）の程度の違いや，主流自体にもともと含まれている微小な擾乱の程度の違いによって，レイノルズ数の臨界値は大きく異なってくる．すでに説明したように乱流による拡散作用のために乱流境界層の発達の程度は層流境界層よりも強く，境界層厚さは層流境界層のそれよりも大きくなる．また，上述のように表面摩擦応力も乱流境界層では高くなる．ここで平板先端から下流側距離 l の位置までの間に働く摩擦抵抗を考えよう．これを無次元化して表した**摩擦抵抗係数**（skin friction coefficient）C_f は，式 (4.2.7) を用いて

$$C_f \equiv \frac{1}{l}\int_0^l C_\tau \mathrm{d}x \tag{4.3.1}$$

と定義される．レイノルズ数を変化させながら，C_f をさまざまな実験によって計測した結果の概略図を文献 [7] をもとにして図 4.3.2 に示す．左側の線が層流境界層の結果であり，右側の曲線が乱流境界層の場合である．層流境界層の結果は 4.2 節で局所摩擦係数に関して述べたように，レイノルズ数の平方根にほぼ反比例した関係を示している．この図で特に注意すべき点は，レイノル

ズ数が 10^5 から 10^6 の範囲にかけて，層流と乱流の両者が共存している点である．これは条件の異なる複数の実験結果をもとにして，この図を描いたためであり，前述のように平板表面の粗さや主流に含まれる擾乱の違いにより層流から乱流へ遷移するレイノルズ数が異なることに起因している．また同じレイノルズ数では，乱流境界層の C_f は層流の場合のそれよりも，著しく大きい．先に述べたように，乱流の拡散作用のために，速度分布が一様に近づき，平板壁面付近での速度勾配が大きくなるために，摩擦応力が増大することを示している．なお，4.2 節の境界層の説明は層流境界層に関するものであり，乱流境界層には，そのままでは適用できないことに注意を要する．

4.4　流れの剥離と円柱周りの流れ場

前節まで例として取り上げてきた平板境界層では，主流速度（境界層の外側の流速）が下流方向にいつも一定である場合を考えてきた．下流方向に主流速度が増大したり，減少する場合は，ベルヌーイの定理に従って，それぞれ下流方向への圧力勾配が負（つまり圧力は降下）あるいは圧力勾配が正（圧力は上昇）となる．このような流れは，例えば壁面が湾曲している場合に起こりうる．ここでまず取り上げる流れ場は，これらのうち後者の下流方向に圧力が上昇する（主流速度が減少する）場合である．主流速度の減少（圧力の上昇）は，境界層内の流れにも影響を与える．壁面近くで，もともと速度の遅かった流れは正の圧力勾配の影響により，さらに速度を減じていく（図 4.4.1）．その結果，壁面近くの流れは運動量（あるいは運動エネルギー）を大幅に失い，その結果として，ついには流れが壁面から剥がれてしまう．この現象を**剥離**（separation）とよぶ．剥離した点の下流側には，上流側からの流れがないため，下流から流れが逆流してくることになる．なお図 4.4.1 も含めて，ここでの説明は，ある程度の時間にわたって流れ場を観察し，カメラでその流れを長時間露光したときに得られるような流れの様子に相当する．実際の剥離域内の流れを瞬間的に観察すると大小さまざまな渦が剥離点位置からその後方に発生していることがわかる．この渦の発生は不安定であり時間とともに変化している．このようにいったん剥離を生じた場合，その壁面近くの流れは境界層とは

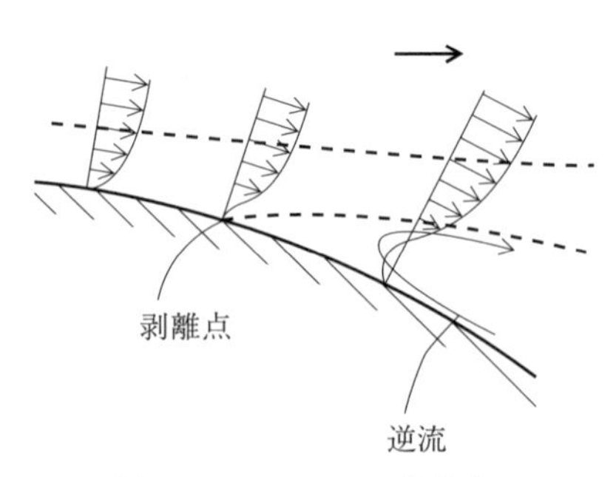

図 4.4.1　流れの剥離模式図

まったく異なる流れ場になる．

ところで，剥離点の上流側の境界層が乱流境界層であったとしても，主流流速に正の圧力勾配が存在すると，剥離を生じる場合があることは層流境界層と同様である．ただし 4.3 節で述べたように乱流の場合は，拡散作用により壁面近くの流れへの運動量の補給が行われやすいため，乱流の場合のほうが層流に比べて剥離しにくい特徴がある．

ここで流れの剥離が観察される流れ場の例として 2 次元円柱周りの流れについて詳しく述べてみたい．円柱表面の位置を表すために図 4.4.2 中の添図のように角度座標 θ を定義し，円柱の一番上流寄りの点を $\theta = 0°$ とする．なお，$\theta = 0°$ となる円柱表面位置は，よどみ点位置（第 3 章参照）にあたる．本章では導出は省くが，非粘性流れを仮定すると円柱表面の静圧 P の分布が理論的に求められる．いま，この円柱表面の静圧 P と一様流の静圧との差を一様流の動圧 P_∞ で無次元化した値を圧力係数 C_P と定義すると，円柱表面の圧力係数の分布は，$C_P = 1 - 4\sin^2\theta$ と表される（詳しくは第 II 部の 7.3 節と第 9 章を参照のこと）．図 4.4.2 にその分布を実線にて示す．非粘性流れでは，$\theta = 0°$ はよどみ点であるため 7.3 節で述べられるように $C_P = 1$ である．これより円柱前面側では急激に圧力が降下（流速は増大）した後，$\theta = 90°$ 以降，円柱後面側では今度は急激な圧力上昇していることが読み取れる．

ここでは，主流流速 U を代表速度，円柱の直径を代表長さ d にとったレイノルズ数 Re を使用して，粘性も考慮に入れた場合について説明する．Re が低い場合には，よどみ点下流で円柱表面にまず層流境界層が発達するが，層流

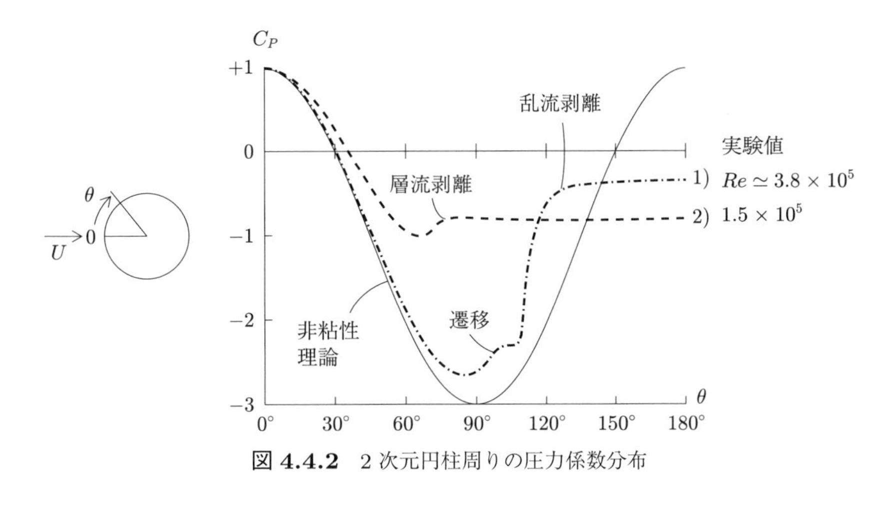

図 **4.4.2**　2 次元円柱周りの圧力係数分布

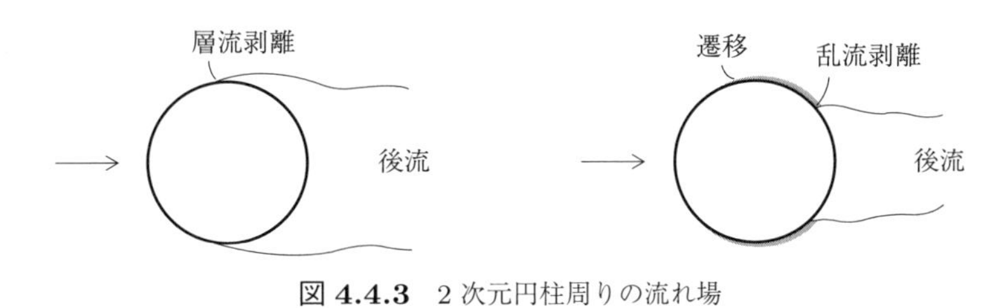

図 **4.4.3**　2 次元円柱周りの流れ場

状態を保ったままで $\theta = 90^\circ$ の少し上流側で層流剥離してしまう．その下流には大小さまざまな渦が非定常的に発生する**後流**（wake）とよばれる流れ場が形成される（図 4.4.3 の左図参照）．このときの圧力係数分布は図 4.4.2 の破線のとおりである（図は $Re = 1.5 \times 10^5$ における実験結果であり文献 [8] のデータをもとにして描いた）．$\theta = 90^\circ$ より上流側では非粘性流れに比べて圧力降下の程度は低い．これは円柱表面に形成された境界層の影響のためである．そして層流剥離後も後流の存在のために非粘性流れとは大きく異なり，平坦な圧力分布になっている．後流の内部では非粘性流れに比べて圧力がかなり低くなっている．

レイノルズ数が上がると，図 4.4.3 の右図に示すとおり，層流境界層の中で乱流への遷移が起こり，その下流には乱流境界層が形成される．なお，レイノ

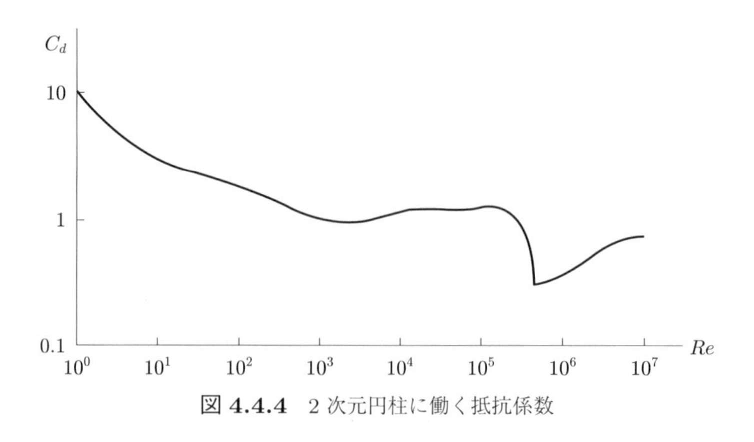

図 4.4.4　2 次元円柱に働く抵抗係数

ルズ数によっては乱流への遷移点付近には層流剥離泡とよばれる形態の流れ場が円柱表面上に形成されるが，ここではその説明は省略する[8]．ところで先に説明したように乱流境界層のほうが層流境界層よりも剥離しにくい特性があるために，流れが乱流として剥離する位置は，$\theta = 90°$ より後方になる．そのため，剥離点後方の後流の規模も層流剥離の場合よりも小さくなる．図 4.4.2 の 1 点鎖線で示した圧力係数分布によると（$Re = 3.8 \times 10^5$ における実験結果[7]），$\theta = 90°$ より上流側では，非粘性流れの場合とレイノルズ数が低い場合のほぼ中間に C_P の値が分布している．これは後者よりもレイノルズ数が高く境界層の厚さが薄くなっているため［式 (4.2.5) 参照］，境界層の影響が主流に及びにくく，より非粘性流れに性質が近づいているためである．また $\theta = 90°$ より後方では後流の規模が小さいために C_P 分布も層流剥離の場合とは異なっている．後流の規模が小さいということは，層流剥離の場合と異なり，円柱後方での圧力が低い領域が小さくなることを意味しており，円柱に働く抗力もレイノルズ数が低い場合に比べて小さくなるのである．このことは図 4.4.2 の圧力係数分布を $\theta = 0°$ から $90°$ まで積分して求められる円柱に働く抗力の大きさを比較してもわかる．なお，非粘性流れの抗力を求めると 0 になる．非粘性流れ中に置かれた 2 次元物体に働く抗力が常に 0 であることは第 II 部で説明される．

このようにレイノルズ数が変化すると 2 次元円柱に働く抗力は変化する．

いま次式のように抵抗係数（抗力係数ともいう，drag coefficient）C_d を定義する．

$$C_d \equiv \frac{D}{\frac{1}{2}\rho U^2 d} \tag{4.4.1}$$

この抵抗係数を実験で計測してレイノルズ数に対して描いた概略図を図 4.4.4 に示す（文献 [9] のデータにもとづき作図）．レイノルズ数が 10^5 と 10^6 の間で C_d は約 1.2 から約 0.35 へと急減しているが，この領域が上で説明した図 4.4.3 のように流れ場の様子が急変する場合に相当する．この抗力が急減するレイノルズ数を円柱の臨界レイノルズ数とよぶ．なお，臨界レイノルズ数よりもレイノルズ数を増加させると C_d はわずかずつ上昇していく．これはレイノルズ数の上昇のために層流境界層中での遷移位置が上流に移動し，これに伴い，乱流剥離位置も上流側に移動し，その後方に形成される後流の規模が再び大きくなっていると考えることで理解できる．また，レイノルズ数が 10^3 以下ではレイノルズ数が減少するにつれて C_d は急増している．この程度までレイノルズ数が低くなると境界層の概念は成立せず，流れ場全体を粘性流れとして取り扱う必要がある．

5

圧縮性流れ

第2章では，空気の特徴の1つである圧縮性について説明した．本章では，この圧縮性の影響が出る高速流れについて，非粘性を仮定したうえで，その特徴を述べる．なお，圧縮性流れに対する基礎方程式の詳細は本シリーズの第3巻において取り扱われるが，本章では圧縮性流れを最低限理解するために必要となる基本事項のみを紹介する．また熱力学に関する基礎的内容は既習であるとする．

5.1 圧縮性流れとは

5.1.1 準1次元流れ

断面積がゆるやかに変化する管内を定常に流れる圧縮性流れについてまず考えたい．断面積の変化が急な場合には，流れは2次元流れとして扱わねばならないが，変化がゆるやかであれば，軸方向の流れが主で，軸に垂直な方向の流れは無視できる．このように流れを取り扱うのが**準1次元流れ**（quasi-one-dimensional flow）である．このとき未知数は，軸方向の流速 u と空気の状態量である密度 ρ，圧力 P，そして温度 T の4つである．また管の断面積 $S(x)$ は独立変数として与えられる（x は軸方向の座標）．以下，空気は理想気体として取り扱い，状態方程式は式 (3.2.1) である．

質量保存の関係式は，式 (3.3.2) が成り立ち，

$$\rho u S = \text{const.} \tag{5.1.1}$$

と書ける．また微分形で表すと

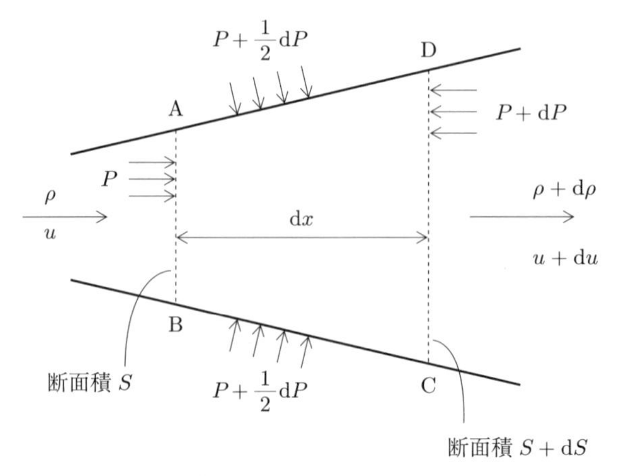

図 5.1.1 準 1 次元流れ

$$\frac{\mathrm{d}\rho}{\rho}+\frac{\mathrm{d}u}{u}+\frac{\mathrm{d}S}{S}=0 \tag{5.1.2}$$

となる．

次に運動量保存式については，断面積が変化する管の断面を示す図 5.1.1 を用いて考える [10]．3.4 節と同様に，AB 面ならびに AB 面から微小距離 $\mathrm{d}x$ だけ下流に位置する CD 面について，単位時間に通過する運動量を表すと，AB 面へ流入する運動量については $\rho u^2 S$ である．CD 面を流出する運動量は $-(\rho+\mathrm{d}\rho)(u+\mathrm{d}u)^2(S+\mathrm{d}S)$ である．以降，2 次以上の微小量は省略する．ρ, u, S は x のみの関数だから，CD 面を流出する運動量は

$$-\rho u^2 S-\frac{\mathrm{d}}{\mathrm{d}x}(\rho u^2 S)\mathrm{d}x$$

と書き直せるので，結局，領域 ABCD での運動量の変化は，

$$-\frac{\mathrm{d}}{\mathrm{d}x}(\rho u^2 S)\mathrm{d}x$$

となる．式 (5.1.1) を用いると，これは

$$-\rho u S\frac{\mathrm{d}u}{\mathrm{d}x}\mathrm{d}x \tag{5.1.3}$$

と書ける（なお，AD，BC は管壁のため，これを通る運動量はない）．

一方，外力としては各面に働く圧力がある．管壁である AD 面，BC 面から流体に働く圧力も考慮に入れる（AD 面と BC 面は壁としてつながっていることに注意）．まず AB 面に働く圧力は PS である．CD 面に働く圧力は上記運動量と同じように考えると

$$-PS - \frac{\mathrm{d}}{\mathrm{d}x}(PS)\mathrm{d}x$$

と書ける．一方，管壁である AD 面，BC 面については，AD 面，BC 面に働く圧力の平均値の x 方向成分が，この面に働くと考え，

$$\left(P + \frac{1}{2}\frac{\mathrm{d}P}{\mathrm{d}x}\mathrm{d}x\right)\frac{\mathrm{d}S}{\mathrm{d}x}\mathrm{d}x \approx P\frac{\mathrm{d}S}{\mathrm{d}x}\mathrm{d}x$$

となる．結局，検査面 ABCD に働く圧力は三者を足し合わせて

$$PS - PS - \frac{\mathrm{d}}{\mathrm{d}x}(PS)\mathrm{d}x + P\frac{\mathrm{d}S}{\mathrm{d}x}\mathrm{d}x = -S\frac{\mathrm{d}P}{\mathrm{d}x}\mathrm{d}x \tag{5.1.4}$$

式 (5.1.3) と式 (5.1.4) の和が 0 になるとおくことで，運動量保存式は，

$$\rho u\frac{\mathrm{d}u}{\mathrm{d}x} = -\frac{\mathrm{d}P}{\mathrm{d}x} \tag{5.1.5}$$

となる．式 (5.1.5) は

$$u\mathrm{d}u + \frac{\mathrm{d}P}{\rho} = 0 \tag{5.1.6}$$

とも表記できる．式 (5.1.5) あるいは (5.1.6) は，定常な圧縮性準 1 次元流れについて成り立つオイラー方程式（3.4 節参照）である．

5.1.2 ベルヌーイの定理

式 (5.1.6) を積分形で表記すると

$$\frac{u^2}{2} + \int\frac{\mathrm{d}P}{\rho} = \mathrm{const.} \tag{5.1.7}$$

と書けるが，これは圧縮性流れについてのベルヌーイの定理（3.5 節参照）を表す式になる．

ところで，ここで考えている流れが等エントロピー的であれば，密度と圧力の間に等エントロピー関係

$$P = \text{const.} \times \rho^{\gamma} \tag{5.1.8}$$

が成り立つ（γ は比熱比）．式 (5.1.8) を式 (5.1.7) に代入すると

$$\frac{u^2}{2} + \frac{\gamma}{\gamma - 1}\frac{P}{\rho} = \text{const.} \tag{5.1.9}$$

となる．なお，ここでは断熱流れを仮定して外部からの熱エネルギーの供給については考慮せず，また重力による位置エネルギーの変化もないとしている．

いままでは準 1 次元流れに関して考えてきたが，理想気体である任意の流れについても，1 本の流線に沿って積分を行うことにより，上式と同じベルヌーイの式が得られる．この場合，理想気体の状態方程式 (3.2.1) を用いると，式 (5.1.9) は一般的な形式として次式のように表される．q はここで考えている流速を表す．T_0 はよどみ点における温度である．

$$\frac{1}{2}q^2 + \frac{\gamma}{\gamma - 1}RT = \frac{\gamma}{\gamma - 1}RT_0 \tag{5.1.10}$$

式 (2.2.4) と式 (2.2.7) で定義した音速 a とマッハ数 M を用いると式 (5.1.10) は，

$$\frac{T_0}{T} = 1 + \frac{\gamma - 1}{2}M^2 \tag{5.1.11}$$

と書き直される．この式より，例えばマッハ数 M で飛行中の機体について大気の温度 T を知れば（つまりマッハ数が M である一様流の温度 T を知れば），機体のよどみ点の温度 T_0（機体の先端部分付近の温度になる）を求められるのである．

5.1.3 等エントロピー流れの関係式

前節では等エントロピー流れを考えていた．このとき温度，密度と圧力の間に等エントロピー関係

$$\frac{T_0}{T} = \left(\frac{P_0}{P}\right)^{\frac{\gamma-1}{\gamma}} = \left(\frac{\rho_0}{\rho}\right)^{\gamma-1}$$

が成り立つので（添え字 0 はよどみ点），これを式 (5.1.11) に代入すると

$$\frac{P}{P_0} = \frac{1}{\left(1 + \frac{\gamma-1}{2}M^2\right)^{\frac{\gamma}{\gamma-1}}} \tag{5.1.12}$$

$$\frac{\rho}{\rho_0} = \frac{1}{\left(1 + \frac{\gamma-1}{2}M^2\right)^{\frac{1}{\gamma-1}}} \tag{5.1.13}$$

となる．式 (5.1.11)，(5.1.12)，(5.1.13) を用いることで，圧力，密度，温度とマッハ数の関係を表すことができ，これらは**等エントロピー流れの関係式**とよばれる．

5.1.4 準 1 次元ノズル流れ

5.1.1 項で取り扱った断面積がゆるやかに変化する管内の定常流れを再度取り上げる．この流れの性質を調べることによって，圧縮性流体が非圧縮性流体と異なる点を明確にすることができる．

運動量保存を表す式 (5.1.6) に式 (2.2.4) の音速 a の定義を代入すると，

$$u\mathrm{d}u = -a^2\frac{\mathrm{d}\rho}{\rho}$$

と書き直される．さらに質量保存式 (5.1.2) を用いると

$$\frac{\mathrm{d}u}{u}\left(\frac{u^2}{a^2} - 1\right) = \frac{\mathrm{d}S}{S}$$

となり，マッハ数 M で書き表すと結局

$$\frac{\mathrm{d}u}{u}(M^2 - 1) = \frac{\mathrm{d}S}{S} \tag{5.1.14}$$

が得られる．同様にして P の代わりに u を消去すると

$$\frac{1 - M^2}{\gamma M^2}\frac{\mathrm{d}P}{P} = \frac{\mathrm{d}S}{S} \tag{5.1.15}$$

となる．さらには等エントロピー関係式 (5.1.12) を M^2 に関して微分し，それを式 (5.1.15) に代入すると，

$$\frac{\mathrm{d}S}{S} = -\frac{1 - M^2}{2 + (\gamma - 1)M^2}\frac{\mathrm{d}M^2}{M^2} \tag{5.1.16}$$

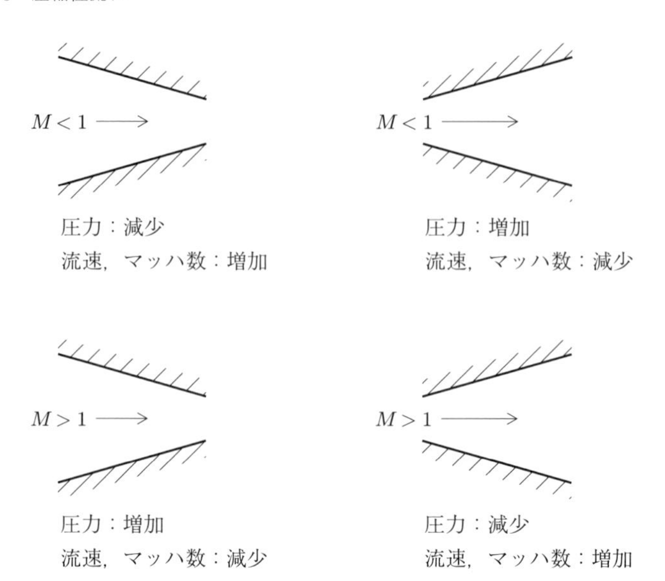

図 5.1.2　断面積が変化する管内流れの断面積と速度変化

が得られる（これらの関係式では局所的に密度などが変化するので，考えている位置によって音速やマッハ数も異なることに注意）.

式 (5.1.14)〜(5.1.16) は，管の断面積変化と流速，圧力やマッハ数の変化についての重要な関係を示している（図 5.1.2 参照）．すなわち，

(1) $M<1$（亜音速）であれば，$\mathrm{d}S/\mathrm{d}u<0$，$\mathrm{d}S/\mathrm{d}p>0$，$\mathrm{d}S/\mathrm{d}M^2<0$ となり，管の断面積が減少すると流速とマッハ数は増大し圧力は減少する．断面積が増大すると流速とマッハ数は減少し圧力は増大する.

(2) $M>1$（超音速）であれば，$\mathrm{d}S/\mathrm{d}u>0$，$\mathrm{d}S/\mathrm{d}p<0$，$\mathrm{d}S/\mathrm{d}M^2>0$ となり，管の断面積が減少すると流速とマッハ数は減少し圧力は増大する．断面積が増大すると流速とマッハ数は増大し圧力は減少する.

(3) $M=1$ であれば，$\mathrm{d}S/\mathrm{d}u=0$，$\mathrm{d}S/\mathrm{d}p=0$，$\mathrm{d}S/\mathrm{d}M^2=0$ となり，管の断面積変化は必ず $\mathrm{d}S=0$ である.

上記 (1) の亜音速の場合の流速の変化は，3.3 節で述べた非圧縮性流れの性質と同じである．一方，(2) の超音速の場合は，下流に向かって断面積が増加すると流速は増大し，逆に断面積が減少すると流速は減少する性質を示

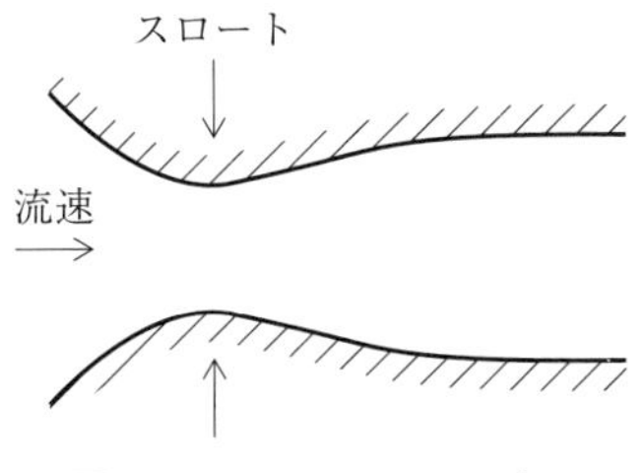

図 5.1.3 ラバールノズル

し，亜音速の場合と正反対である．流速が減少し圧力が増大する流れを**圧縮流**（compression flow），逆の場合を**膨張流**（expansion flow）とよぶが，超音速の場合は断面を減少させることで圧縮流を実現できる．(3) が意味するところは，マッハ数が 1（$M=1$）であるのは断面積変化が極大あるいは極小になるところのみであるということである．逆に $\mathrm{d}S=0$ であっても必ずしも $M=1$ になるわけではないことに注意を要する．

ここまで見てきた断面積が変化する管のことを**ノズル**（nozzle）とよぶが，ここで入口側からは断面積が減少し，出口側に向かっては断面積が増大するノズルについて考えたい．このようなノズルを**ラバールノズル**（Laval nozzle）とよぶ（図 5.1.3）．断面積が最小となる部分を**スロート**（throat）とよぶ．いま，このラバールノズル入口から亜音速で気流を流した場合を考える．先に説明したようにスロートの上流側では断面積が減少するために流れは加速される．スロートに達したときにいまだ亜音速であれば，下流側では今度は断面積が増大するために，流れは減速されることになる．これとは異なり，スロート部においてちょうどマッハ数 $M=1$ になった場合を考える．この場合，下流側の断面積は減少しているので，超音速流れとしてさらに加速され，マッハ数も増大していく場合があり得る．この性質を利用して，ラバールノズルは超音速の気流を実現する目的のために，例えば超音速風洞において用いられている．ただし，このような超音速流をつくり出すためには，ラバールノズルの入口側と出口側の圧力の関係が重要であり，それらの条件を満たさない場合には超音速流は得られない．5.1.3 項で述べた等エントロピー関係式は，この超音速ノズル流の解析に用いられる．先にも述べたがラバールノズル内で $M=1$ になり得るのは $\mathrm{d}S=0$ であるスロート部においてのみである．

5.1.5　亜音速流と超音速流

これまで圧縮性流れの基本的特性を述べてきたが，本節では亜音速流と超音速流の違いという観点からまとめてみる[11]．空気中を物体が移動すると流体内に圧力の変動を生む．物体の大きさを無視できるときは，その圧力変動も小さく，これを**微小擾乱**とよぶ．2.2 節で述べたように，この微小擾乱は空気中を音速 a で伝播する．いま，この物体が速度 U で x 軸を負の方向へ飛行している場合を考える（図 5.1.4）．時刻 $t=0$ において $x=0$ の位置にいるとすると，$t=-\Delta t$，$-2\Delta t$ には物体は $x=U\Delta t$，$2U\Delta t$ に位置しており，これらの時刻に生じた微小擾乱は，これらの位置を中心として半径 $a\Delta t$，$2a\Delta t$ の球面上に到達していることになる．これを図に描くと，U と a の大小の違いにより図 5.1.4 のように描ける．

まず $U<a$ の場合（$M<1$），つまり亜音速で飛行している場合には，微小擾乱の到達した球面（これを波面とよぶこととする）は交わることはなく，先に発生した波面は必ず先に進み，物体が 1 番遅れて進んでいる．すなわち亜音速で飛行している物体からの微小擾乱の波面は常に無限遠方まで到達していることになる．

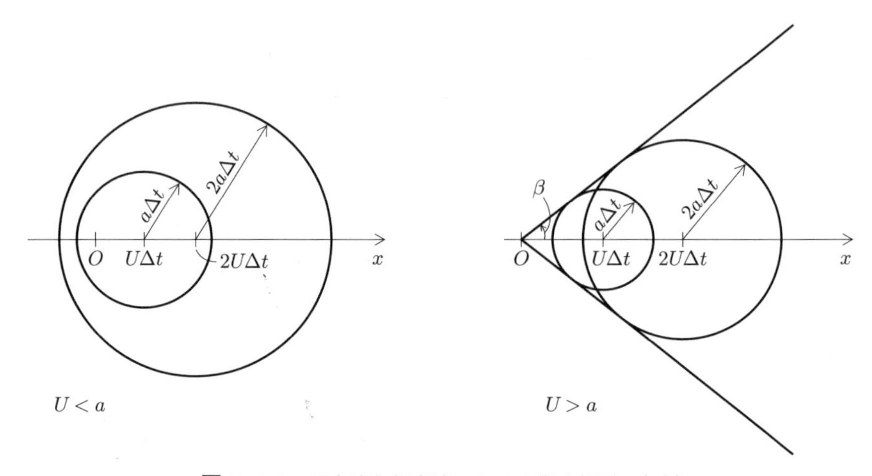

図 5.1.4　亜音速と超音速における微小擾乱の伝播

一方 $U > a$ の場合（$M > 1$），つまり超音速で飛行している場合には，隣同士の波面は必ず交わり，物体が 1 番先に進んでいる．このため，波面は物体を頂点とする円錐状の包絡面を形成する．この円錐の半頂角を β とすると，

$$\sin\beta = \frac{a}{U} = \frac{1}{M} \tag{5.1.17}$$

が成り立ち，この β を**マッハ角**（Mach angle），この円錐を**マッハ円錐**（Mach cone）とよぶ．なお 2 次元流れでは，円錐状の包絡面が包絡線となり，これを**マッハ線**（Mach line）とよぶ．物体からの微小擾乱の波面が到達する範囲は，このマッハ円錐の内部に限られることになる．つまり，超音速で飛行している物体のマッハ円錐が到達するまでは，その物体が発生した微小擾乱を感知できないことを意味している．この点が亜音速と超音速のもっとも大きな違いである．

5.1.6　衝　撃　波

亜音速と超音速のもう 1 つの大きな違いは衝撃波である．この衝撃波について説明するために，曲がった壁を回る超音速流について考えてみたい[12][13]．

いま，2 次元の超音速流が曲がった壁に沿って流れる場合について考える．まず図 5.1.5(a) に示す上に凸な壁の場合である．超音速で流れてきた流れは壁に沿って曲がっていくことになるが，壁が折線的に無数の頂点をもって折

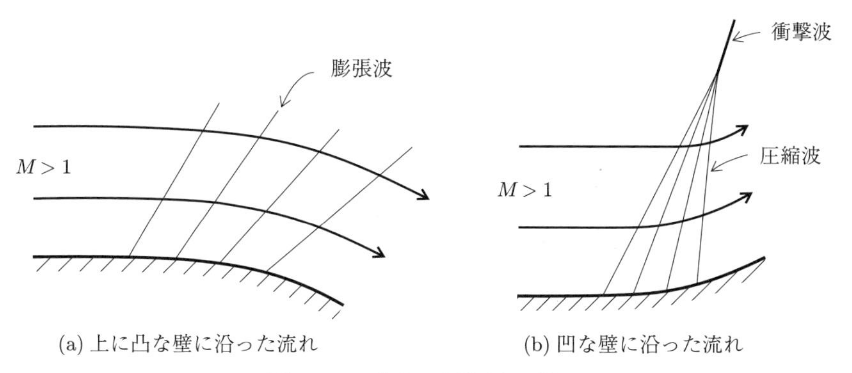

図 5.1.5　曲がった壁を回る流れ

れ曲がっていくと考えると，各頂点の位置で流れが方向を少しずつ変える影響は，すべて圧力の変動として流体内に伝播することになる．この折線の辺を無限に短く，頂点の数を無限に多くすると考えれば，滑らかに曲がった壁でも，同様に微小擾乱が壁上の無数の点から発生すると扱えばよい．なお，前項では微小な物体が静止している流体内を移動する場合について説明したが，ここでの例のように物体が静止していて流体が流れてくる場合でも同じ現象が起こる．すなわち図 5.1.5(a) の流れについては，壁の表面の無数の点からマッハ線が発生することになる．凸の壁であるので，下流に向かって拡大（膨張）していく流れと捉えれば，5.1.4 項で述べたように下流に向かってマッハ数は増大し，圧力は減少する．いま考えていたマッハ線の下流側の壁面上からは，次のマッハ線が生じている．下流に向かってマッハ数が増大するということは，式 (5.1.17) より下流側にあるマッハ線のマッハ角 β は減少することを意味している．すなわち図に示すように，下流に向かって次々と発生するマッハ線は互いに交わることはない．このマッハ線のことを**膨張波**（expansion wave）とよぶ．

次に図 5.1.5(b) に示す凹の壁について考えたい．今度は下流に向かって断面積が減少していくと捉えれば，5.1.4 項より，下流に向かってマッハ数が減少し，圧力は増大する圧縮流ということになる．このとき壁上から発生するマッハ線を**圧縮波**（compression wave）とよぶ．またマッハ角は下流に向かうにつれて増大することになる．すなわち数多く発生する圧縮波は図のようにお互いに交わることになり，最終的には 1 つの包絡線を形成する．マッハ線自体は，もともと無限小の圧力増加をもたらす圧縮波であったが，これが集まって生じた包絡線では有限の圧力増加を達成することになる．このようにもともとの波面が集約することで不連続的な圧力上昇を起こすため，この包絡線のことを**衝撃波**（shock wave）とよぶ．

ここで説明した一つひとつの膨張波や圧縮波を通過する流れは，等エントロピー流である．しかし圧縮波が集約してできた衝撃波は，それを通して不連続的に物理量が変化するため，もはや等エントロピー流ではない．なお前項において，超音速飛行する無限小の物体からはマッハ線が発生すると説明したが，有限の大きさの物体が超音速飛行する場合には，本節の説明で理解できるように，物体からは衝撃波が発生する場合がある．

5.2 異なる速度域での圧縮性流れ

前節の最後で述べた衝撃波は，高速で飛行する飛行機や宇宙往還機の性能に大きな影響を与える．本節では，この点を中心として，異なる速度域での圧縮性流れの特徴について航空宇宙機と関連付けながら述べていくことで，第I部のまとめとしたい．

5.2.1 亜音速流れと遷音速流れ

飛行機の翼の断面形状のことを**翼型**（よくがた）とよぶが，亜音速で飛行している飛行機の翼型の上面では流れが加速され，圧力が低くなることで上向きの揚力を発生している（第III部参照）．この状態から遷音速まで飛行速度を増加していくことを考えてみる．たとえ飛行速度が音速以下であったとしても，翼型の上面では加速されるために局所的に超音速の領域が発生する．速度の増大につれて，この超音速領域は拡大をしていくが，翼型後方では主流速度にまで減速することになるので，超音速領域の後方では衝撃波が発生することがある（図5.2.1）．衝撃波が発生すると，その下流は減速して再び亜音速に戻ることになるが，その部分で運動量を損失することになり，これは翼型に働く抵抗を増加させる．この衝撃波に伴って発生する抵抗を**造波抵抗**（wave drag）とよぶ．ところで，本章では粘性の影響については考えていなかったが，遷音速流中の翼型表面にも境界層は発達している．衝撃波が発生すると，その後方の圧力は増大するため，その主流圧力変化の影響が境界層にも及び，境界層を剥離させる．剥離を生じると4.4節で述べたとおり，抵抗を増大させる．これら衝撃波

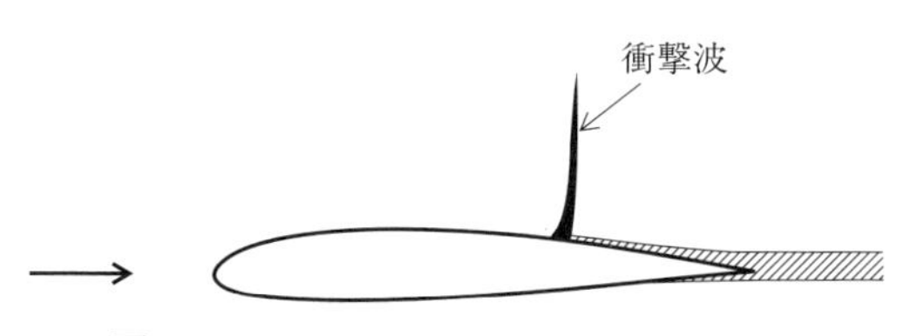

図 5.2.1 遷音速流中での翼型周りの流れ

と剥離の影響により，遷音速流中におかれた翼型の抵抗が急増する現象を**抵抗発散**（drag divergence）とよぶ．この抵抗発散の現象のために遷音速域での効率的な飛行は成し遂げられなかった．現在では，この抵抗発散を起こし始めるマッハ数を従来の翼型よりも飛躍的に高めた（つまり速い速度でも抵抗が急増しない）翼型である**スーパークリティカル翼型**（supercritical airfoil）が開発され，遷音速で巡航する多くのジェット旅客機に採用されている[14]．

5.2.2　超音速流れ

超音速の飛行体の場合，その翼型の先端部には，5.1.6 項で説明した凹の壁と同様な理由で衝撃波を発生する．もし翼型の前縁形状が丸いと，その前端で流れがせき止められ，音速よりも遅い領域ができる．その結果，衝撃波は翼型よりも前方に離れて湾曲した衝撃波を生じる［図 5.2.2(a)］．この衝撃波の存在により，5.2.1 項で説明した大きな造波抵抗が翼型に働くことになる．一方，翼型の前縁形状が鋭く，くさび形状に近ければ，その先頭部分に発生する衝撃波は傾斜し，「くさび」の頂角が小さいほど衝撃波は大きく傾くことになる［図 5.2.2(b)］．この傾きが大きければ，衝撃波後方で運動量を損失する程度も少なくなり，造波抵抗は丸い前縁形状ほどは大きくならない．このため，超音速で飛行する機体の主翼前縁や胴体先端部は一般に鋭いくさびに近い形状となっている[15]．翼の厚みもできるだけ薄くすることも同様な理由で望ましい．遷音速機体では主翼の厚みと翼弦長の比が十数パーセントであるのに対し

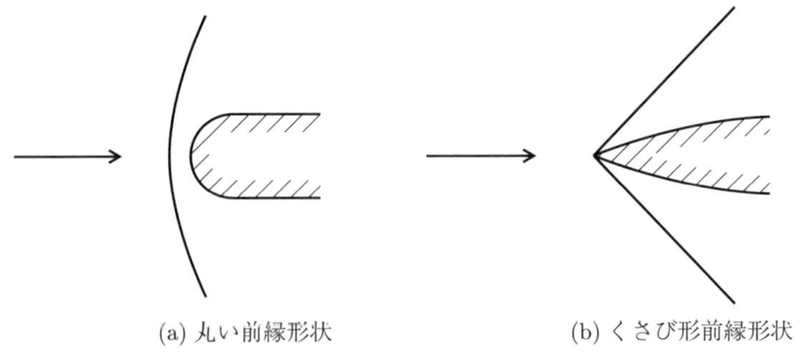

(a) 丸い前縁形状　　(b) くさび形前縁形状

図 5.2.2　前縁に発生する衝撃波の様子

て，超音速機体では厚くても5〜6パーセント程度である．本シリーズ第3巻では超音速機の空気力学に関してさらに記されている．

5.2.3　極超音速流れ

第1章で述べたようにマッハ数が約5以上の流れを極超音速流とよぶ．マッハ数がきわめて大きい流れであるため物体（飛行体）の正面には強い衝撃波を生じる．また衝撃波と物体との間の距離は狭くなる．粘性を考えると，物体表面には境界層が形成されているが，衝撃波から境界層を介して物体表面にいたるわずかな距離の間で高速気流が一気に減速されることになる．この空気の

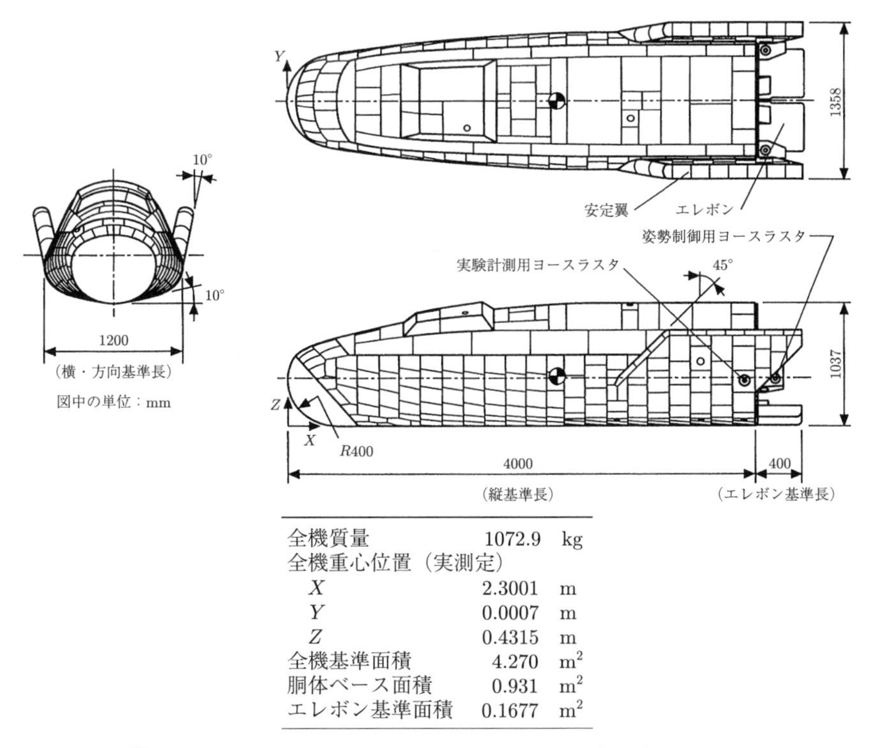

全機質量	1072.9	kg
全機重心位置（実測定）		
X	2.3001	m
Y	0.0007	m
Z	0.4315	m
全機基準面積	4.270	m^2
胴体ベース面積	0.931	m^2
エレボン基準面積	0.1677	m^2

図 5.2.3　極超音速実験機 HYFLEX の三面図と主要諸元
（渡辺重哉，石本真二，高木亮治："HYFLEX の空力特性"，日本航空宇宙学会誌，**45** (1997), pp.642-648）

圧縮により境界層内の温度は非常に高くなる．条件にもよるが，極超音速で大気圏へ再突入してくる飛行体では，このときの温度は数千度から1万度を超えることになる．これを**空力加熱**（aerodynamic heating）とよぶ．空力加熱に耐えられるよう，飛行体の表面の材質を工夫するとともに，飛行体先端部は鈍頭形状にする必要がある．1996年に日本で初めて極超音速で飛行し大気圏外からの再突入に成功した極超音速飛行実験機HYFLEXの機体も鈍頭形状であった（図5.2.3，文献[16]）．

極超音速流は超音速流と異なり，非線形性の強い流れであり，超音速流よりも高度な解析手法を必要とする．一方で，かのニュートンは，流体が物体に衝突する際には物体面に垂直方向の運動量を流体が失うと考え，物体に働く流体力の推算法を提案したが，これは一般の「流体力学」的には誤った考えであった．ところが，極超音速流に限っては，この簡易な考えが，おおよそ妥当な空気力を与えることが知られている．そこでこの手法は**ニュートン流近似**（Newtonian flow approximation）とよばれている．

おわりに

第I部では，空気力学の全体像を把握してもらうことを目指した．続いて第II部を学ぶ読者は，第9章において円柱周りの流れ場が，第I部4.4節に引き続いて再度取り上げられていることに気づくであろう．内容的に重複があることをあえて承知の上，このように構成してある．円柱流れは，空気力学においてもっとも基本的，かつ重要な流れ場の1つである．そこで，第II部において非粘性・非圧縮性流れの定式化を終えた段階で，再度円柱流れを見直すことで，新たな知見が得られるような構成になっている．さらに第III部の翼理論において，翼周りの流れは，実は円柱流れが発展したものであることが述べられる．このように常に基本的な流れに戻って，より詳細な流れ場の理解につなげようとする立場は，第2巻以降でも同様である．

第 II 部

非粘性・非圧縮性流体力学

技術者は航空機周りの流れ場を適当な精度で短時間で決定し，把握する必要がある．技術者が多くの形状や種々の流れ条件について調べるためには，その解は受け入れられる精度をもつだけでなく，実行の速度も重要である．近年，急速なコンピュータハードウエアとソフトウエアの発達により，3 次元流れについてナビエ・ストークス方程式の数値解析がさかんに行われている．しかし，最先端のコンピュータをもってしても，満足する解を得るには，いまだに膨大な計算時間が必要である．

超音速流れ中の物体周りの数値計算では，オイラーの方程式が用いられることもまれではない．これは，粘性より圧縮性の影響が大きく，粘性の効果を無視しても揚力係数などはある程度の精度で求めることができるからである．

このように，非粘性の解は多くの応用例に設計に関する重要な情報を与えることができる．さらに，非粘性の流れ場の解は，粘性が支配的な表面近傍の薄い境界層に対して，その境界条件として使用できる利点がある．

流れ場の解析には，物体近傍の粘性の作用が無視できない領域（境界層）と粘性による作用が無視できる領域の 2 つの領域をもつ流れモデルを使用すると都合の良いことが多い．そこで第 II 部では粘性による作用が無視できる流れ場（非粘性流れ）の取扱いについて述べる．

なお，ここでは，流体の圧縮性が無視できる流れ（非圧縮性流れ）を対象とする．圧縮性流れに関しては，第 3 巻を参照されたい．

6

流体力学の基礎方程式

流体力学の一般的な問題において流体の運動を解くためには，

(1) 質量保存則（連続の式）

(2) 運動量保存則（ニュートンの運動の第2法則）

(3) エネルギー保存則（熱力学の第1法則）

の物理法則を連立させて解くことになる．

本章では，これら3つの保存則を簡単に記述する．導出過程の詳細は第2巻，第3巻を参照されたい．

6.1 連 続 の 式

空間内に微小体積を考え，それに出入りする単位時間当たりの質量について保存則を適用する．(x, y, z) の直角座標系をとり，それぞれの方向の速度を u, v, w とし，密度を ρ とする．2次元の場合は，図6.1.1に示すように，流体要素に流入・流出する質量流量と単位時間当たりの流体要素内の質量の変化を考慮すると，質量保存則，すなわち連続の式は，

$$\frac{\partial \rho}{\partial t} + \frac{\partial}{\partial x}(\rho u) + \frac{\partial}{\partial y}(\rho v) = 0$$

となる．3次元で書くと，

$$\frac{\partial \rho}{\partial t} + \frac{\partial}{\partial x}(\rho u) + \frac{\partial}{\partial y}(\rho v) + \frac{\partial}{\partial z}(\rho w) = 0 \tag{6.1.1}$$

となる．第1項は微小体積内の密度の増加率（単位時間当たりの質量の増加量）である．式(6.1.1)をベクトル表示すると，

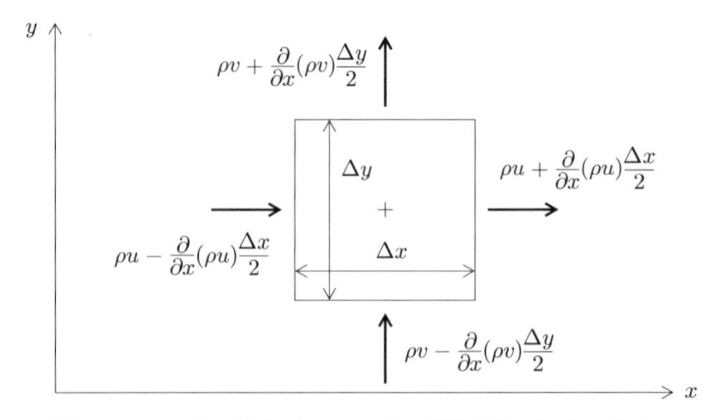

図 6.1.1　2 次元流体要素における質量流量に対する釣合い

$$\frac{\partial \rho}{\partial t} + \nabla \cdot (\rho \vec{V}) = 0 \tag{6.1.2}$$

となり，ここで，

$$\nabla = \left(\frac{\partial}{\partial x}, \frac{\partial}{\partial y}, \frac{\partial}{\partial z}\right)$$
$$\vec{V} = (u, v, w)$$

である．

いま，比較的速度が小さく，圧力変化も十分に小さく，密度が基本的に一定と仮定できると，

$$\frac{\partial u}{\partial x} + \frac{\partial v}{\partial y} + \frac{\partial w}{\partial z} = 0 \tag{6.1.3}$$

となる．ベクトル表示では，

$$\nabla \cdot \vec{V} = 0 \tag{6.1.4}$$

となる．

式 (6.1.2) を積分表示すると，

$$\frac{\partial}{\partial t}\iiint_{\mathrm{vol}} \rho \mathrm{d}(\mathrm{vol}) + \iint_A \rho \vec{V} \cdot \vec{n} \mathrm{d}A = 0 \tag{6.1.5}$$

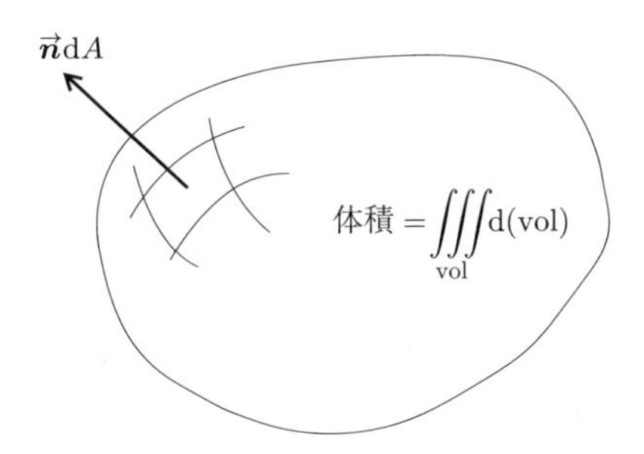

図 6.1.2　連続の式を積分形で記述するための記号

となる．ここで，$\vec{n}$ は図 6.1.2 に示すように，微小面積要素 $\mathrm{d}A$ に垂直な単位ベクトルである．

6.2　運動量保存則

ニュートンの運動の第 2 法則は

$$[力] = [質量] \times [加速度]$$

$$\vec{F} = m\frac{\mathrm{d}\vec{V}}{\mathrm{d}t} \tag{6.2.1}$$

と書ける．これをより一般的な形に書くと，

$$\vec{F} = \frac{\mathrm{d}}{\mathrm{d}t}(m\vec{V})$$

となり，[力] = [運動量の時間変化] である．すなわち，ニュートンの運動の第 2 法則は，運動量の変化が力積として保存されることを示すものである．

ここでは，式 (6.2.1) を流体に適用して，運動方程式を求める．$\dfrac{\mathrm{d}\vec{V}}{\mathrm{d}t}$ は $\vec{V}$ の全微分であるので，$\vec{V}$ が t, x, y, z の関数であることを考慮すると，

$$\frac{\mathrm{d}\vec{V}}{\mathrm{d}t} = \frac{\partial\vec{V}}{\partial x}\frac{\mathrm{d}x}{\mathrm{d}t} + \frac{\partial\vec{V}}{\partial y}\frac{\mathrm{d}y}{\mathrm{d}t} + \frac{\partial\vec{V}}{\partial z}\frac{\mathrm{d}z}{\mathrm{d}t} + \frac{\partial\vec{V}}{\partial t} \tag{6.2.2}$$

となる．ここで，

$$\frac{\mathrm{d}x}{\mathrm{d}t} = u \qquad \frac{\mathrm{d}y}{\mathrm{d}t} = v \qquad \frac{\mathrm{d}z}{\mathrm{d}t} = w$$

であるから，

式 (6.2.2) は

$$\frac{\mathrm{d}\vec{V}}{\mathrm{d}t} = \frac{\partial \vec{V}}{\partial t} + u\frac{\partial \vec{V}}{\partial x} + v\frac{\partial \vec{V}}{\partial y} + w\frac{\partial \vec{V}}{\partial z} \tag{6.2.3}$$

となり，ベクトル表示すれば，

$$\frac{\mathrm{d}\vec{V}}{\mathrm{d}t} = \frac{\partial \vec{V}}{\partial t} + (\vec{V}\cdot\nabla)\vec{V} \tag{6.2.4}$$

となる（第 I 部 3.1 節で述べた「オイラーの方法」のことである）．ここで，$\frac{\partial \vec{V}}{\partial t} = 0$ のとき，定常という．$\frac{\mathrm{d}\vec{V}}{\mathrm{d}t} = 0$ である必要はない．なお，式 (6.2.4) の $\frac{\mathrm{d}\vec{V}}{\mathrm{d}t}$ は，教科書によっては $\frac{\mathrm{D}\vec{V}}{\mathrm{D}t}$ と表記することがある．

検査体積に働く力としては，物体力（例えば重力），圧力，粘性による剪断力を考えることにする．いま，図 6.2.1 に示すように，デカルト座標系をとり，直方体の検査体積を考え，各面に作用する応力を以下のように表す．例えば，τ_{xy} は応力の作用する面が x 方向に垂直な面で，応力の作用する方向が y 方向であることを示すこととする．流体は等方性であり，応力は座標系の位置や速度には依存しないことを考慮すると，

$$\tau_{xy} = \tau_{yx} \qquad \tau_{yz} = \tau_{zy} \qquad \tau_{zx} = \tau_{xz} \tag{6.2.5}$$

となる．図 6.2.2 に示すように，各面に作用する応力を考え，まとめると，

$$\rho\frac{\mathrm{d}u}{\mathrm{d}t} = \rho f_x + \frac{\partial}{\partial x}(\tau_{xx}) + \frac{\partial}{\partial y}(\tau_{yx}) + \frac{\partial}{\partial z}(\tau_{zx}) \tag{6.2.6a}$$

$$\rho\frac{\mathrm{d}v}{\mathrm{d}t} = \rho f_y + \frac{\partial}{\partial x}(\tau_{xy}) + \frac{\partial}{\partial y}(\tau_{yy}) + \frac{\partial}{\partial z}(\tau_{zy}) \tag{6.2.6b}$$

$$\rho\frac{\mathrm{d}w}{\mathrm{d}t} = \rho f_z + \frac{\partial}{\partial x}(\tau_{xz}) + \frac{\partial}{\partial y}(\tau_{yz}) + \frac{\partial}{\partial z}(\tau_{zz}) \tag{6.2.6c}$$

となる．ここで f は物体力である．

応力成分は流体の変形速度に比例する［その係数を μ（粘性係数）とする］

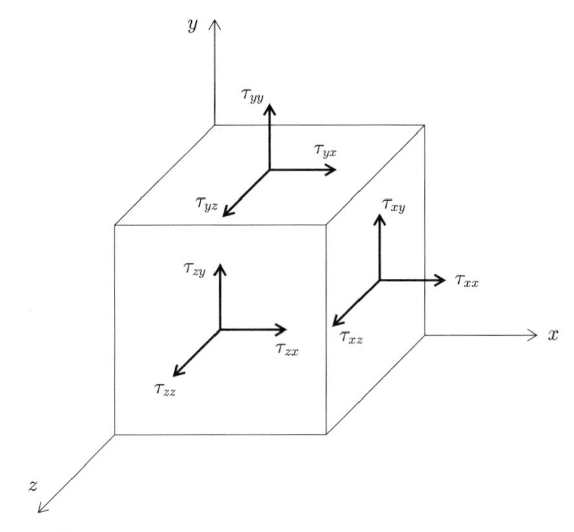

図 6.2.1 流体要素に作用する垂直応力と剪断応力

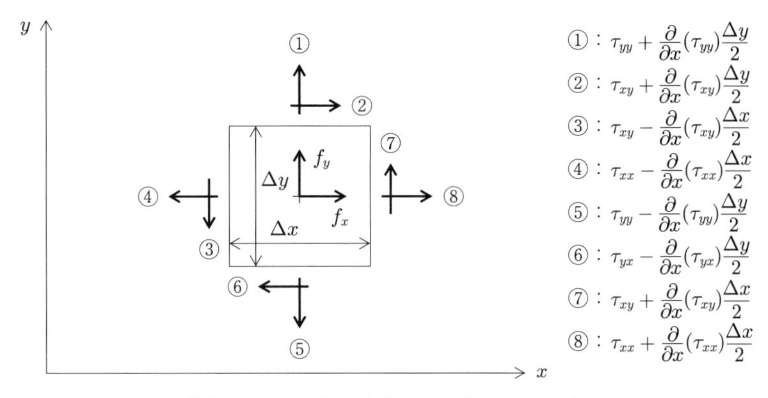

図 6.2.2 2 次元流体要素に作用する応力

ことと，速度勾配が 0 の場合には，応力成分は圧力のみとなることを考慮すると，各応力成分は

$$
\begin{aligned}
\tau_{xx} &= -p - \frac{2}{3}\mu\nabla\cdot\vec{V} + 2\mu\frac{\partial u}{\partial x} \\
\tau_{yy} &= -p - \frac{2}{3}\mu\nabla\cdot\vec{V} + 2\mu\frac{\partial v}{\partial y} \\
\tau_{zz} &= -p - \frac{2}{3}\mu\nabla\cdot\vec{V} + 2\mu\frac{\partial w}{\partial z} \\
\tau_{xy} &= \tau_{yx} = \mu\left(\frac{\partial u}{\partial y} + \frac{\partial v}{\partial x}\right) \\
\tau_{xz} &= \tau_{zx} = \mu\left(\frac{\partial u}{\partial z} + \frac{\partial w}{\partial x}\right) \\
\tau_{yz} &= \tau_{zy} = \mu\left(\frac{\partial v}{\partial z} + \frac{\partial w}{\partial y}\right)
\end{aligned}
$$

と書くことができる．これを式 (6.2.6) に代入すれば，

$$
\begin{aligned}
\rho\frac{\partial u}{\partial t} + \rho(\vec{V}\cdot\nabla)u = \rho f_x - \frac{\partial p}{\partial x} + \frac{\partial}{\partial x}\left(2\mu\frac{\partial u}{\partial x} - \frac{2}{3}\mu\nabla\cdot\vec{V}\right) \\
+ \frac{\partial}{\partial y}\left[\mu\left(\frac{\partial u}{\partial y} + \frac{\partial v}{\partial x}\right)\right] + \frac{\partial}{\partial z}\left[\mu\left(\frac{\partial u}{\partial z} + \frac{\partial w}{\partial x}\right)\right]
\end{aligned}
\tag{6.2.7a}
$$

$$
\begin{aligned}
\rho\frac{\partial v}{\partial t} + \rho(\vec{V}\cdot\nabla)v = \rho f_y + \frac{\partial}{\partial x}\left[\mu\left(\frac{\partial u}{\partial y} + \frac{\partial v}{\partial x}\right)\right] - \frac{\partial p}{\partial y} \\
+ \frac{\partial}{\partial y}\left(2\mu\frac{\partial v}{\partial x} - \frac{2}{3}\mu\nabla\cdot\vec{V}\right) + \frac{\partial}{\partial z}\left[\mu\left(\frac{\partial v}{\partial z} + \frac{\partial w}{\partial y}\right)\right]
\end{aligned}
\tag{6.2.7b}
$$

$$
\begin{aligned}
\rho\frac{\partial w}{\partial t} + \rho(\vec{V}\cdot\nabla)w = \rho f_z + \frac{\partial}{\partial x}\left[\mu\left(\frac{\partial u}{\partial z} + \frac{\partial w}{\partial x}\right)\right] + \frac{\partial}{\partial y}\left[\mu\left(\frac{\partial v}{\partial z} + \frac{\partial w}{\partial y}\right)\right] \\
- \frac{\partial p}{\partial z} + \frac{\partial}{\partial z}\left(2\mu\frac{\partial w}{\partial x} - \frac{2}{3}\mu\nabla\cdot\vec{V}\right)
\end{aligned}
\tag{6.2.7c}
$$

となる．この式は運動量保存則を微分形で表したもので，**ナビエ・ストークス方程式**とよばれる．

6.3 エネルギー保存の式

流体の運動を記述する物理量は，速度 3 成分，圧力，温度あるいは密度で，5 つある．それに対し，これまで記述した方程式は，連続の式および運動方程式の 4 つであり，5 つの未知数を解くことはできない．すなわち，流れ場を解くためにはもう 1 つ方程式が必要となり，それがエネルギー保存の式である．エネルギー保存の式はエネルギーの保存則にもとづき，運動方程式などと同様に導くことができる．温度あるいは密度の変化を考慮しなければならない場合は，圧縮性流れの場合である．第 II 部では非圧縮性流れを扱うので，ここでは密度が変化する場合は省略する．詳細は第 3 巻を参照されたい．

7

非粘性・非圧縮性流れ

7.1　非粘性流れ

空気などのニュートン流体では，剪断応力は粘性係数 μ と速度勾配の積で表せる．粘性が 0 の流体は実際には存在しない．しかし，粘性と速度勾配の積が十分小さいような場合が多く存在する．例えば，物体から十分離れた場所などがその例である．そのような場合は，支配方程式において他の項に比較して粘性項が無視できると考えてよいであろう．粘性による剪断応力が無視できるほど小さい流れ場を記述するために，ここでは**非粘性流れ**（inviscid flows）という言葉を用いることにする．**非粘性流体**（inviscid fluid）の代わりに非粘性流れという言葉を用いることにより，粘性と速度勾配の積が流れ場にほとんど影響を与えないということを仮定したことを強調しておきたい．すなわち，流体の粘性が 0 ということではないことに注意していただきたい．事実，非粘性流れ場の解が求まれば，その解を境界条件とし，境界層方程式が解かれ，壁面摩擦抵抗が求まることになる．

粘性による剪断応力が無視できるほど小さい流れ場では（このとき，流れは非粘性であるという），式 (6.2.7) のナビエ・ストークス方程式は以下のように簡単になる．

$$\rho\frac{\mathrm{d}u}{\mathrm{d}t} = \rho f_x - \frac{\partial p}{\partial x} \tag{7.1.1a}$$

$$\rho\frac{\mathrm{d}v}{\mathrm{d}t} = \rho f_y - \frac{\partial p}{\partial y} \tag{7.1.1b}$$

$$\rho\frac{\mathrm{d}w}{\mathrm{d}t} = \rho f_z - \frac{\partial p}{\partial z} \tag{7.1.1c}$$

ベクトル表示すれば

$$\frac{\mathrm{d}\vec{V}}{\mathrm{d}t} = \frac{\partial \vec{V}}{\partial t} + (\vec{V}\cdot\nabla)\vec{V} = \vec{f} - \frac{1}{\rho}\nabla p \tag{7.1.2}$$

となる．ここでは，密度については何も仮定しない．したがって，これらの式は非圧縮性流れ同様に圧縮性流れについても適用可能である．これらの式は，1755 年にオイラーによって導かれたものであり，**オイラー方程式**とよばれる．

本章では，低速流れにおける物体周りの流れ場の記述に対して，基本的な事項を展開することにする．ここで，粘性が支配的な境界層は薄く，境界層が非粘性流れ場に与える影響は無視できるものとする（この仮定の影響は，本章で導かれる理論的な結果と実験データを比較して，後で議論することにする）．ここでは，流れ場の非粘性領域に対する解を探すことにする．すなわち，境界層の外側の流れに対して満足する解を見出すことにする．したがって，本章で用いる運動量の式はオイラー方程式である．

7.2　ベルヌーイの式

7.2.1　ベルヌーイの式の導出

比較的遅い速度の飛行物体周りの流れ場における密度は基本的に一定としてよい．さらに，物体力としては例えば重力のような保存力のみを考えることにすると，

$$\vec{f} = -\nabla F \tag{7.2.1}$$

流れは定常とすると，

$$\frac{\partial \vec{V}}{\partial t} = 0$$

であり，

$$(\vec{V}\cdot\nabla)\vec{V} = \nabla\left(\frac{U^2}{2}\right) - \vec{V}\times(\nabla\times\vec{V})$$

であるので，式 (7.1.2) は，これらの仮定と式を用いると，

$$\nabla\left(\frac{U^2}{2}\right)+\nabla F+\frac{1}{\rho}\nabla p-\vec{V}\times(\nabla\times\vec{V})=0 \qquad (7.2.2)$$

となる．ここで，U は速度 $\vec{V}$ の大きさである．

長さと方向がベクトル $\mathrm{d}\vec{r}$ で定義される任意の経路に沿ってこれらの項の大きさが変化するかを計算しよう．これを行うために，式 (7.2.2) の各項とベクトル $\mathrm{d}\vec{r}$ の内積をとる．結果は

$$\mathrm{d}\left(\frac{U^2}{2}\right)+\mathrm{d}F+\frac{\mathrm{d}p}{\rho}-\vec{V}\times(\nabla\times\vec{V})\cdot\mathrm{d}\vec{r}=0 \qquad (7.2.3)$$

となる．ここで，$\vec{V}\times(\nabla\times\vec{V})$ は $\vec{V}$ に垂直なベクトルであるので，(i) 流れが非回転（7.5 節で説明）であれば，いかなる $\mathrm{d}\vec{r}$ に対しても，(ii) 流れが非回転でなくとも流線に沿っていれば，最後の項は 0 となる．したがって，

(1) 非粘性
(2) 非圧縮性
(3) 定常
(4) 非回転（渦なし）あるいは流線に沿って
(5) 物体力が保存力

の仮定が成り立つ流れに対して，オイラー方程式 (7.2.3) の積分は

$$\int\mathrm{d}\left(\frac{U^2}{2}\right)+\int\mathrm{d}F+\int\frac{\mathrm{d}p}{\rho}=\text{const.} \qquad (7.2.4)$$

となる．

それぞれの項は全微分を含むので，積分でき，密度が一定であるならば

$$\frac{U^2}{2}+F+\frac{p}{\rho}=\text{const.} \qquad (7.2.5)$$

となる．力のポテンシャルとしては，重力を考えることにする．ここで，z 軸を地球表面に垂直上向きに正の方向をとることにすると，重力による単位質量当たりの力は下向きであり，その大きさは g である．したがって，式 (7.2.1) を参照すると，

$$\vec{f}=-\frac{\partial F}{\partial z}\vec{k}=-g\vec{k}$$

となり，したがって，

$$F = gz \tag{7.2.6}$$

となる．ここで $\vec{k}$ は z 方向の単位ベクトルである．

このとき運動量の式は以下のように書ける．

$$\frac{U^2}{2} + gz + \frac{p}{\rho} = \text{const.} \tag{7.2.7}$$

式 (7.2.7) は**ベルヌーイの式**として知られている．

密度は一定と仮定されているので，速度場と圧力場を解くためには，エネルギー保存則を考慮する必要はない．式 (7.2.7) の導出に際し，散逸機構は流れに影響をほとんど与えないと仮定したことに注意する必要がある．当然の結果として，ベルヌーイの式は粘性の影響のような散逸が存在しない場合のみ正しい．

もし，全流れ領域において，速度が 0，すなわち，静止流体の圧力の変化は式 (7.2.7) から，

$$gz + \frac{p}{\rho} = \text{const.}$$

となる．

空気力学の問題では，ポテンシャルエネルギーの変化は一般に無視できる．ポテンシャルエネルギーの変化を無視すると，式 (7.2.7) は以下のように書き直せる．

$$p + \frac{1}{2}\rho U^2 = \text{const.} \tag{7.2.8}$$

この式は圧力と速度との関係を示すものである．したがって，いずれかのパラメーターが既知であり，先に述べた仮定が破綻しない流れ場であれば，他は一義的に定まる．この式は，飛行物体周りのいろいろな点（場所）における流れと関係付けて使用できる．例えば，図 7.2.1 に示すような，(1) 飛行物体から十分上流の点（場所．すなわち，主流条件），(2) 飛行物体に対し速度が 0 の点（場所．すなわち，よどみ点），(3) 境界層の外側の一般的な点（場所）の関係である．それらの場所の間でベルヌーイの式の関係を書けば，

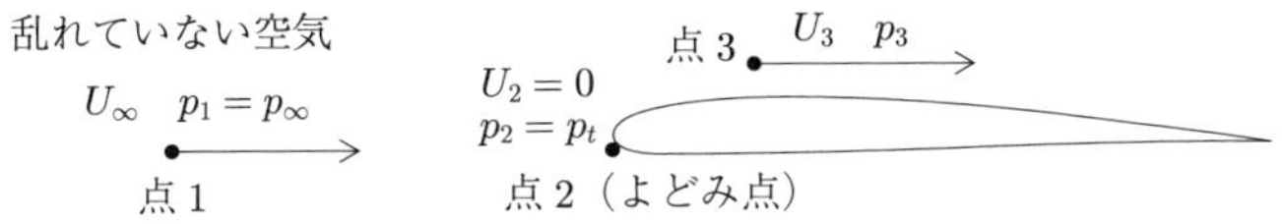

乱れていない空気
U_∞ $p_1 = p_\infty$
点 1
点 3 U_3 p_3
$U_2 = 0$
$p_2 = p_t$
点 2（よどみ点）

図 7.2.1 飛行物体周りの速度場

$$p_\infty + \frac{1}{2}\rho_\infty U_\infty^2 = p_t = p_3 + \frac{1}{2}\rho_3 U_3^2 \tag{7.2.9}$$

となる．このとき，**よどみ点圧力**［全圧，stagnation（or total） pressure］p_t は式 (7.2.8) の定数であることがわかる．このよどみ点圧力は主流の**静圧**（static pressure）p_∞ と主流の**動圧**（dynamic pressure）$\frac{1}{2}\rho_\infty U_\infty^2$ の和となる．

7.2.2 空気速度を決定するためのベルヌーイの式の使用

式 (7.2.9) は，ピトー静圧プローブ（図 7.2.2 参照）が飛行物体の速度の計測に使用できることを示している．ピトー管の先端で流れはよどみ，管内部の速度は 0 となる．したがって，ピトー管内の圧力は空気流の全圧（p_t）と等しくなる．静圧孔の目的は，主流の真の静圧（p_∞）を計測することである．航空機が大きな迎え角で飛行しているとき，表面圧力は著しく変化し，結果として，静圧孔で計測される圧力は主流の静圧と著しく異なることがあることに注意する必要がある．航空機が飛行している高度の空気密度の値を使って空気速度を計測するために，全圧を測定する配管と静圧を測定する配管を異なる圧力計に接続することも可能である．式 (7.2.9) を U_∞ について解けば次式を得る．

$$U_\infty = \sqrt{\frac{2(p_t - p_\infty)}{\rho_\infty}}$$

図 7.2.2 の右側の図に示すように，局所静圧の測定は航空機の表面に面一に開けられた**オリフィス**を使ってよく計測される．オリフィス孔は境界層の下に位置する．この静圧は境界層外縁（非粘性流れ）での速度を計算するのに使われる．ベルヌーイの式の使用は非粘性流れについてのみ有効であるが，この場

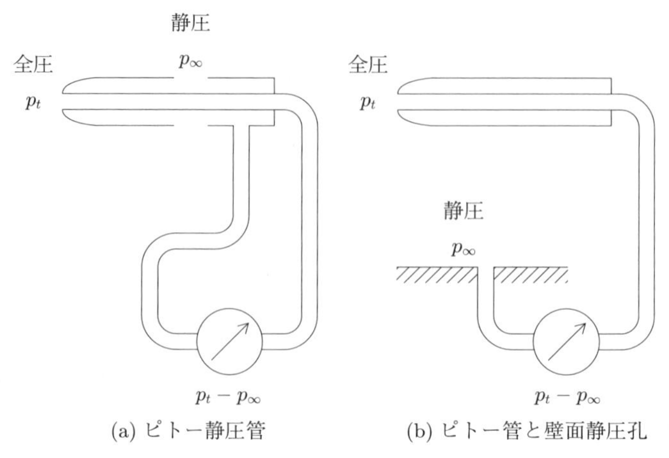

(a) ピトー静圧管　　(b) ピトー管と壁面静圧孔

図 7.2.2　空気速度測定に使用されるピトー静圧管

合も使用が可能である．なぜならば，境界層の性質によって，境界層の y 方向（壁面に垂直方向）の運動量の式の解析から，圧力は薄い境界層の高さ方向に対して基本的に一定であることがわかるからである．その結果，壁面で測定された静圧の値は非粘性流れ（境界層のすぐ外側）における静圧の値と等しいといえる．

7.3　圧 力 係 数

技術者は，ある流れの条件で得られた実験データや理論解をほかの流れ条件の流れ場の考察に使用することがある．例えば，風洞で得られた実験データは，設計条件の飛行環境を模擬した流れの条件でスケール模型を適用して求めているが，このデータは，ほかの流れ条件で，フルスケールの機体などが流れ場に置かれた場合の考察に使用されるときがある．したがって，形状や迎え角のみに依存する無次元係数として種々の関係を表すことが望ましい．そのような無次元係数の 1 つとして**圧力係数**（pressure coefficient）がある．

$$C_p = \frac{p - p_\infty}{\frac{1}{2}\rho_\infty U_\infty^2} \tag{7.3.1}$$

局所静圧を無次元化するために使用するパラメーターの選択は，ベルヌーイの式 (7.2.8)，(7.2.9) を参照し，動圧をとることが一般的である．式 (7.3.1) を整理すると，

$$C_p = \frac{p - p_\infty}{\frac{1}{2}\rho_\infty U_\infty^2} = 1 - \frac{U^2}{U_\infty^2} \tag{7.3.2}$$

となる．したがって，よどみ点の圧力係数 $C_{p,t}$ は，よどみ点では局所速度は 0 であるので，非圧縮性流れの場合，$C_p = C_{p,t} = 1.0$ となる．すなわち，よどみ点における圧力係数の値は主流の条件あるいは物体の形状に依存しない．

7.4 循　環

循環（circulation）は任意の閉曲線に沿った速度の線積分として定義される．図 7.4.1 の閉曲線について考えると，循環は以下の式で与えられる．

$$-\Gamma = \oint_C \vec{V} \cdot \mathrm{d}\vec{r} \tag{7.4.1}$$

ここで，$\vec{V} \cdot \mathrm{d}\vec{r}$ は速度ベクトルと積分経路に沿った微小長さベクトルの内積である．積分記号の円は，積分が完全な閉じた経路で行われることを示す．積分経路は反時計回りとする．式 (7.4.1) の負の記号は空気力学の揚力に応用するときに便利なようにするためである．

図 7.4.2(a) に示されるような xy 平面の小さな四角の要素周りの循環を考えよう．それぞれの辺に沿った速度成分を積分し，これを反時計回りに行うと，

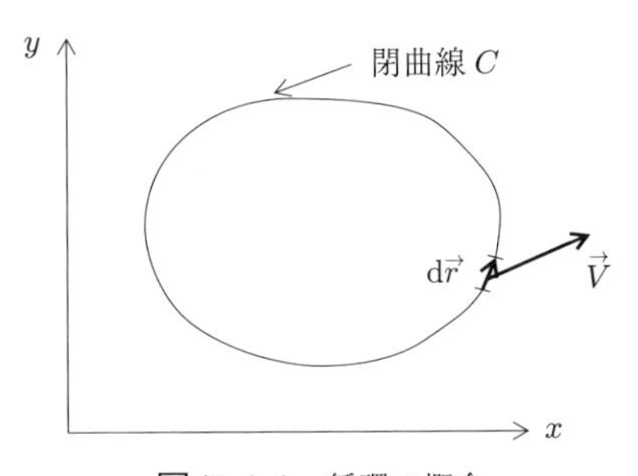

図 7.4.1　循環の概念

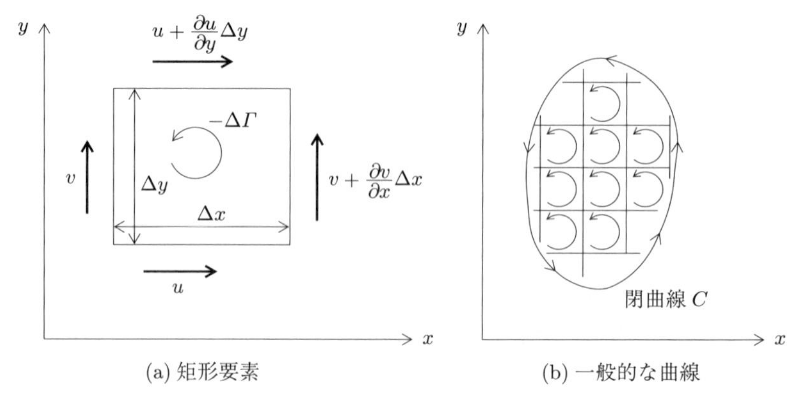

図 7.4.2　閉曲線に対する循環

$$-\nabla\Gamma = u\Delta x + \left(v + \frac{\partial v}{\partial x}\Delta x\right)\Delta y - \left(u + \frac{\partial u}{\partial y}\Delta y\right)\Delta x - v\Delta y$$

となり，結局，

$$-\Delta\Gamma = \left(\frac{\partial v}{\partial x} - \frac{\partial u}{\partial y}\right)\Delta x\Delta y$$

となる．この操作は，図 7.4.2(b) のような，xy 平面内の一般的な曲線 C 周りの循環の計算に拡張することができる．xy 平面内の，この一般的な曲線に対する計算結果は，

$$\begin{aligned} -\Gamma &= \oint_C \vec{V}\cdot \mathrm{d}\vec{r} = \oint_C (u,v)\cdot(\mathrm{d}x,\mathrm{d}y) = \oint_C (u\mathrm{d}x + v\mathrm{d}y) \\ &= \iint_A \left(\frac{\partial v}{\partial x} - \frac{\partial u}{\partial y}\right)\mathrm{d}x\mathrm{d}y \end{aligned} \tag{7.4.2}$$

となる．式 (7.4.2) は 2 次元における線積分と面積分の関係を表す**グリーンの定理**（Green's lemma）を示している．3 次元における線積分と面積分の変換定理は**ストークスの定理**（Stokes' theorem）で，

$$\oint_C \vec{V}\cdot \mathrm{d}\vec{r} = \iint_A (\nabla\times\vec{V})\cdot\vec{n}\mathrm{d}A \tag{7.4.3}$$

となる．ここで，$\vec{n}\mathrm{d}A$ は表面に垂直なベクトルで，曲面で囲まれた領域（体積）から外側を向く方向を正とし，その大きさは微小面積の大きさと等しい

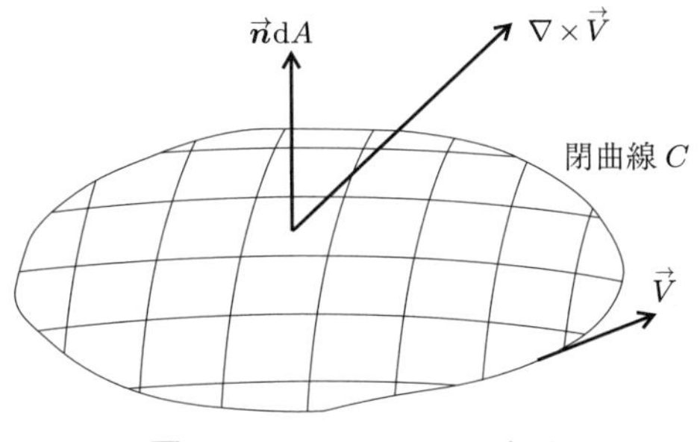

図 7.4.3 ストークスの定理

（図 7.4.3 参照）．式 (7.4.2) は，より一般的な式 (7.4.3) を 2 次元に適用したものとなっている．詳しく述べると，任意の表面 A 上の速度ベクトルの回転の垂直方向の積分は領域 A を囲む曲線 C の周りの速度の接線方向成分の線積分と等しい．ストークスの定理は，$\vec{V}$ が連続で，微分可能な領域で接続されているような領域 A で適用できる．したがって，式 (7.4.3) は速度が無限となるような領域を含む領域 A には適用できない．

7.5 非回転（渦なし）流れ

ストークスの定理によれば，曲線 C で囲まれた領域のすべての点において，$\vec{V}$ の回転（すなわち，$\nabla\times\vec{V}$）が 0 ならば，閉じた経路に沿った $\vec{V}\cdot\mathrm{d}\vec{r}$ の線積分は 0 となる．もし，

$$\nabla\times\vec{V}\equiv 0 \tag{7.5.1}$$

で，流れが特異点を含まないならば，流れは**非回転**（渦なし，irrotational）とよばれる．ストークスの定理は，

$$\oint_C \vec{V}\cdot\mathrm{d}\vec{r}=-\Gamma=0$$

となる．この非回転の速度に対し，線積分

$$\int \vec{V}\cdot\mathrm{d}\vec{r}$$

は，積分経路に依存しない．

$$\int \vec{V} \cdot \mathrm{d}\vec{r}$$

が積分経路に依存しない必要十分条件は，$\vec{V}$ の回転がいかなる場所においても 0 であることである．ところで，線積分は被積分項が全微分の場合のみ，積分経路に依存しない．そこで，

$$\vec{V} \cdot \mathrm{d}\vec{r} = \mathrm{d}\phi \tag{7.5.2}$$

とすると都合が良い．ここで，$\mathrm{d}\phi$ は全微分である．直角座標系で式 (7.5.2) を展開すると，

$$u\mathrm{d}x + v\mathrm{d}y + w\mathrm{d}z = \frac{\partial \phi}{\partial x}\mathrm{d}x + \frac{\partial \phi}{\partial y}\mathrm{d}y + \frac{\partial \phi}{\partial z}\mathrm{d}z$$

と書けるので，辺々を比較すると，

$$\vec{V} = \nabla\phi \tag{7.5.3}$$

となる．

したがって，このような流れに対しては，**速度ポテンシャル**（velocity potential）$\phi(x, y, z)$ が存在し，その結果，ϕ の各方向の偏微分はその方向の速度成分となることがわかる．したがって，式 (7.5.3) は，

$$\nabla \times \nabla\phi \equiv 0 \tag{7.5.4}$$

で示される非回転流れに対して，速度場を表すものとして使うことができる．

7.6　ケルビンの定理

7.6.1　ケルビンの定理の導出

循環が 0 となる流れが存在する必要十分条件を定義することを考える．これは，ケルビン卿（Lord Kelvin）が最初に導いたものである．

閉じた経路に沿った循環の時間微分は，

$$-\frac{\mathrm{d}\Gamma}{\mathrm{d}t} = \frac{\mathrm{d}}{\mathrm{d}t}\left(\oint_C \vec{V}\cdot\mathrm{d}\vec{r}\right) = \oint_C \frac{\mathrm{d}\vec{V}}{\mathrm{d}t}\cdot\mathrm{d}\vec{r} + \oint_C \vec{V}\cdot\frac{\mathrm{d}}{\mathrm{d}t}(\mathrm{d}\vec{r}) \tag{7.6.1}$$

である．ここで，負の記号は便宜的なもので，式 (7.4.1) のときに説明したとおりである．非粘性流れに対する運動量保存則の式，すなわち，オイラー方程式 (7.1.2) は

$$\frac{\mathrm{d}\vec{V}}{\mathrm{d}t} = \vec{f} - \frac{1}{\rho}\nabla p$$

である．物体力が保存力（例えば重力）とすると，物体力は，

$$\vec{f} = -\nabla F$$

であり，結局，

$$\frac{\mathrm{d}\vec{V}}{\mathrm{d}t} = -\nabla F - \frac{1}{\rho}\nabla p \tag{7.6.2}$$

となる．ここで，F は物体力のポテンシャルである．ここで，

$$\frac{\mathrm{d}}{\mathrm{d}t}(\mathrm{d}\vec{r}) = \mathrm{d}\left(\frac{\mathrm{d}\vec{r}}{\mathrm{d}t}\right) = \mathrm{d}\vec{V} \tag{7.6.3}$$

であるので，式 (7.6.1) に式 (7.6.2) と (7.6.3) を代入すると，

$$\frac{\mathrm{d}}{\mathrm{d}t}\left(\oint_C \vec{V}\cdot\mathrm{d}\vec{r}\right) = \oint_C \frac{\mathrm{d}\vec{V}}{\mathrm{d}t}\cdot\mathrm{d}\vec{r} + \oint_C \vec{V}\cdot\frac{\mathrm{d}}{\mathrm{d}t}(\mathrm{d}\vec{r})$$

$$\frac{\mathrm{d}}{\mathrm{d}t}\left(\oint_C \vec{V}\cdot\mathrm{d}\vec{r}\right) = \oint_C \left(-\nabla F - \frac{1}{\rho}\nabla p\right)\cdot\mathrm{d}\vec{r} + \oint_C \vec{V}\cdot\mathrm{d}\vec{V}$$

$$\begin{aligned}\frac{\mathrm{d}}{\mathrm{d}t}\left(\oint_C \vec{V}\cdot\mathrm{d}\vec{r}\right) = &-\oint_C \left(\left(\frac{\partial F}{\partial x}, \frac{\partial F}{\partial y}, \frac{\partial F}{\partial z}\right) + \frac{1}{\rho}\left(\frac{\partial p}{\partial x}, \frac{\partial p}{\partial y}, \frac{\partial p}{\partial z}\right)\right)\cdot(\mathrm{d}x, \mathrm{d}y, \mathrm{d}z)\\ &+ \oint_C \vec{V}\cdot\mathrm{d}\vec{V}\end{aligned}$$

$$\begin{aligned}\frac{\mathrm{d}}{\mathrm{d}t}\left(\oint_C \vec{V}\cdot\mathrm{d}\vec{r}\right) = &-\oint_C \left(\left(\frac{\partial F}{\partial x}\mathrm{d}x + \frac{\partial F}{\partial y}\mathrm{d}y + \frac{\partial F}{\partial z}\mathrm{d}z\right)\right.\\ &\left.+\frac{1}{\rho}\left(\frac{\partial p}{\partial x}\mathrm{d}x + \frac{\partial p}{\partial y}\mathrm{d}y + \frac{\partial p}{\partial z}\mathrm{d}z\right)\right) + \oint_C \vec{V}\cdot\mathrm{d}\vec{V}\end{aligned}$$

$$\frac{\mathrm{d}}{\mathrm{d}t}\left(\oint_C \vec{V}\cdot \mathrm{d}\vec{r}\right) = -\oint_C \mathrm{d}F - \oint_C \frac{\mathrm{d}p}{\rho} + \oint_C \vec{V}\cdot \mathrm{d}\vec{V} \tag{7.6.4}$$

となる．ここで，密度は圧力のみに依存すると仮定すると，右辺のすべての項は全微分で書けることになる．すなわち，全微分の閉曲線一周の積分は 0 であるので，結局，

$$-\frac{\mathrm{d}\Gamma}{\mathrm{d}t} = \frac{\mathrm{d}}{\mathrm{d}t}\left(\oint_C \vec{V}\cdot \mathrm{d}\vec{r}\right) = 0 \tag{7.6.5}$$

となる．以上のように，保存力のみが働く流れでは，循環は保存されることを示している．これを**ケルビンの定理**（Kelvin's theorem）という．

7.6.2　ケルビンの定理の物理的意味

流体が静止状態から動き出す，あるいは，同じ領域内の流体が一様で平行に流れているとすると，この領域内の流体の回転は 0 である．ケルビンの定理は，流体が一様であり（密度は圧力のみに依存する），物体力がポテンシャル関数で与えられ，粘性力が作用せず，連続であるならば，流れ全体は非回転（渦なし）に維持されるということを意味している．

多くの流れの問題において，乱れのない主流は一様で，平行流であり，剪断応力は作用しない．したがって，物体後流のように，乱れていて散逸粘性力が重要なファクターとなる領域をのぞいて，流れは非回転が維持されるということを，ケルビンの定理は暗示している．

8

非圧縮性・非回転（渦なし）流れ

8.1 ラプラスの方程式

ケルビンの定理は，保存力場の非粘性流れでは，特異点を含まない経路周りの循環が一定にならなければならないことを示している．したがって，主流が非回転（渦なし）なので，密度が圧力のみの関数で粘性の効果が重要でなければ，飛行物体周りの流れは非回転に維持される．すでに述べたように，非回転流れ（渦なし流れ）に対して，速度はポテンシャル関数で以下のとおり記述することができる．

$$\vec{V} = \nabla\phi$$

また，比較的遅い流れ（亜音速流れ）に対して，連続の式は，

$$\nabla \cdot \vec{V} = 0$$

で与えられる．この 2 つの式を組み合わせると，非圧縮性，非回転流れに対して，以下の式が成り立つ．

$$\nabla^2\phi = 0 \tag{8.1.1}$$

この支配方程式は，**ラプラスの方程式**（Laplace's equation）として知られているが，これは線形で 2 階の偏微分方程式となる．オイラー方程式やナビエ・ストークス方程式は 2 階の非線形偏微分方程式であるため一般解はないが，このように，非粘性，非回転を仮定することで，線形の偏微分方程式に帰着でき，解ける方程式になる．非粘性，非回転の仮定は，物体近傍の境界層内

をのぞけば，それほど無謀な仮定ではなく，実際の流れのモデルとしても妥当である．

8.2　境 界 条 件

ラプラスの方程式の解であるポテンシャル ϕ が求まれば，$\nabla\phi$ より速度場が決定できる．このとき，物体表面は流線と考えることができるので，物体表面に垂直な単位ベクトル $\vec{n}$ と速度ベクトル $\nabla\phi$ の内積は 0 でなくてはならない．すなわち，

$$\nabla\phi\cdot\vec{n}=0$$

が物体表面の境界条件となる．

8.3　2 次元非圧縮性流れの流れ関数

直角座標系で記述される 2 次元非圧縮性流れの連続の式は，

$$\nabla\cdot\vec{V}=\frac{\partial u}{\partial x}+\frac{\partial v}{\partial y}=0$$

である．また，2 次元非圧縮性流れでは，流れ関数 ψ が以下のように定義される．

$$u=\frac{\partial\psi}{\partial y} \tag{8.3.1a}$$

$$v=-\frac{\partial\psi}{\partial x} \tag{8.3.2b}$$

ψ は場所の関数であるので，

$$\mathrm{d}\psi=\frac{\partial\psi}{\partial x}\mathrm{d}x+\frac{\partial\psi}{\partial y}\mathrm{d}y \tag{8.3.3a}$$

となり，したがって，

$$\mathrm{d}\psi=-v\mathrm{d}x+u\mathrm{d}y \tag{8.3.3b}$$

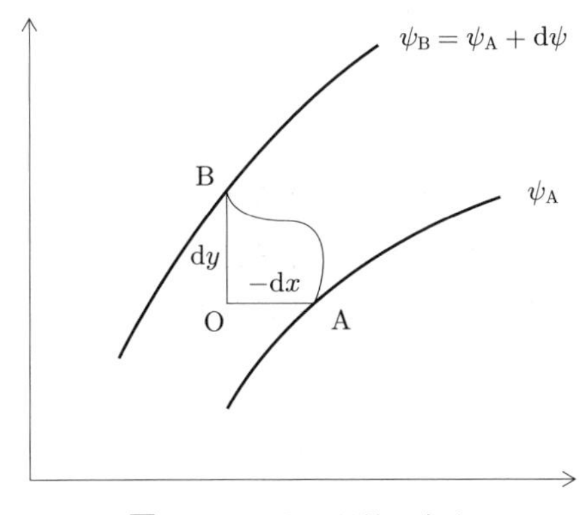

図 8.3.1　流れ関数の意味

となる．

流線は，その流れ場のすべての点における接線方向と速度ベクトルの方向が一致する曲線であるので，流線の定義は，2 次元流れにおいて，以下のように書ける．

$$\frac{\mathrm{d}x}{u} = \frac{\mathrm{d}y}{v}$$

変形すると，流線に沿って，

$$u\mathrm{d}y - v\mathrm{d}x = 0 \tag{8.3.4}$$

となる．したがって，式 (8.3.3) と (8.3.4) から，流線に沿って，

$$\mathrm{d}\psi = 0$$

を得る．つまり，流線に沿って ψ は変化せず，ψ は流線に沿って一定である．このことは，ψ 一定の線は流れの流線であることを示している．流れの 2 点間の体積流量（単位深さ当たり，紙面に垂直方向）はその 2 点における流れ関数の値の差で与えられる．これは以下のように考えることで理解できる．

図 8.3.1 を参照すると，$v(-\mathrm{d}x)$ は AO を横切る単位深さ当たりの体積流量を表し，$u\mathrm{d}y$ は BO を横切る単位深さ当たりの体積流量を表すことがわかる．連続の条件から，線分 AO と BO を横切る流れは曲線 AB を通過しなければ

ならない．したがって，$\mathrm{d}\psi$ は曲線 AB を通過する体積流量となる．点 A を通る線に対して $\psi = \psi_A$（一定値），点 B を通る線に対して $\psi = \psi_B = \psi_A + \mathrm{d}\psi$（差は一定）と書ける．前述したように，差 $\mathrm{d}\psi$ は 2 つの流線間の体積流量である．流れが流線に沿って流れるということと，流線に垂直方向の速度成分がないことに注意しよう．このことは，非粘性流れにおける任意の流線は，同じ形状の固体境界と置き換えることができることを意味している．

流れが非回転（渦なし）とすると，

$$\nabla \times \vec{V} = 0$$

である．そのとき，式 (8.3.3) で定義されるように，流れ関数で速度成分を書けば，

$$\nabla^2 \psi = 0 \tag{8.3.5}$$

となる．したがって，非圧縮性・非回転の 2 次元流れに対して，流れ関数もまたラプラスの方程式を満たす．

8.4　速度ポテンシャルと流れ関数

もし流れが非圧縮性・非回転の 2 次元流れであるとすると，速度場はポテンシャル関数 ϕ か流れ関数 ψ のいずれかを用いて計算することができる．ポテンシャル関数を使うと，直角座標系における速度成分は，

$$u = \frac{\partial \phi}{\partial x} \qquad v = \frac{\partial \phi}{\partial y}$$

である．ポテンシャル関数について，以下の式が成り立つ．

$$\mathrm{d}\phi = \frac{\partial \phi}{\partial x}\mathrm{d}x + \frac{\partial \phi}{\partial y}\mathrm{d}y = u\mathrm{d}x + v\mathrm{d}y$$

したがって，等ポテンシャル線に対して（$\mathrm{d}\phi = 0$）

$$\mathrm{d}\phi = u\mathrm{d}x + v\mathrm{d}y = 0$$

$$\left.\frac{\mathrm{d}y}{\mathrm{d}x}\right|_{\phi=C} = -\frac{u}{v} \tag{8.4.1}$$

となる．

流線はどこでも局所速度の方向と接線の方向が一致しているので，流線（ψ が一定の線）の勾配は，

$$\left.\frac{\mathrm{d}y}{\mathrm{d}x}\right|_{\psi=C} = \frac{v}{u} \tag{8.4.2}$$

である．式 (8.4.1) と (8.4.2) を比較すると，

$$\left.\frac{\mathrm{d}y}{\mathrm{d}x}\right|_{\phi=C} = -\frac{1}{\left.\dfrac{\mathrm{d}y}{\mathrm{d}x}\right|_{\psi=C}} \tag{8.4.3}$$

となる．これは，等ポテンシャル線の勾配は流線の勾配の逆数にマイナスを掛けたものになっていることを示している．したがって，流線（$\psi = \mathrm{const.}$）は等ポテンシャル線（$\phi = \mathrm{const.}$）に垂直である．ただし，よどみ点をのぞく．なぜなら，そこでは速度成分が 0 となるからである．

8.5 流れの重ね合わせ

ポテンシャル関数に対する式 (8.1.1) と流れ関数に対する式 (8.3.5) は線形であるので，これらの式（ラプラスの方程式）を個々に満たす関数は，必要とされる複雑な流れを記述するために互いに加えることができる．境界条件は，得られる速度が表面から十分離れた点における主流の値と等しくなること，表面に垂直方向の速度成分が 0 となること（すなわち，表面が流線となること）である．ここでは，**湧き出し**（source），**吸い込み**（sink），**2 重湧き出し**（doublet），**渦**（potential vortex）などを考えることにする．

密度一定のポテンシャル流れに対して，速度場は連続の式と非回転（渦なし）の条件のみを使って決定できる．したがって，運動方程式は使用しない．速度は圧力とは独立に決まる．すなわち，速度場が一度決定されると，圧力場の決定にベルヌーイの式を用いることができる．

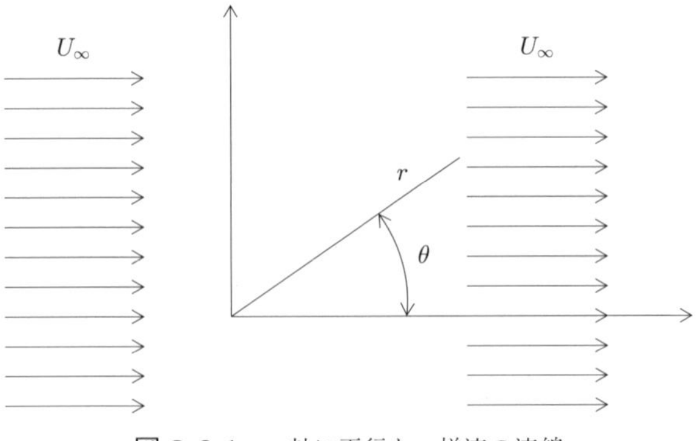

図 **8.6.1**　x 軸に平行な一様流の流線

8.6　基礎的なポテンシャル流れ

8.6.1　一　様　流

もっとも簡単な流れは**一様流**（uniform flow）で，これは，一定の速度で決まった方向に動く流れである．したがって，流線は，流れ場のいたるところで互いに平行な直線になる（図 8.6.1 参照）．円筒座標系を使用すると，x 軸に平行に動く一様流に対するポテンシャル関数は

$$\phi = U_\infty r \cos\theta \tag{8.6.1}$$

となる．ここで，U_∞ は流体粒子の速度である．直交座標系を使うと，図 8.6.1 の一様流のポテンシャル関数は

$$\phi = U_\infty x \tag{8.6.2}$$

となる．

8.6.2　湧き出しまたは吸い込み

湧き出し（**吹き出し**ともよばれる）は，流体が噴出する点で定義し，流れは半径方向外側に流れ（図 8.6.2 参照），その結果，連続の式はどこでも満足さ

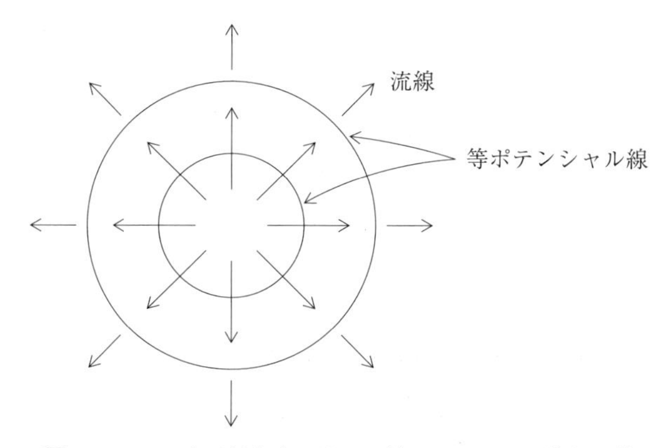

図 8.6.2　2 次元湧き出し流れの等ポテンシャル線と流線

れるが，湧き出しの中心が特異点となる．原点に湧き出し中心をもつ 2 次元（平面）に対するポテンシャル関数は，

$$\phi = \frac{K}{2\pi} \ln r \tag{8.6.3}$$

で与えられる．ここで，r は湧き出し中心からの距離，K は湧き出しの強さである．円筒座標系で速度場は，

$$\vec{V} = \nabla\phi = \vec{e}_r \frac{\partial\phi}{\partial r} + \frac{\vec{e}_\theta}{r} \frac{\partial\phi}{\partial\theta} \tag{8.6.4}$$

$$\vec{V} = \vec{e}_r v_r + \vec{e}_\theta v_\theta$$

と表されるので，

$$v_r = \frac{\partial\phi}{\partial r} = \frac{K}{2\pi r}$$

$$v_\theta = \frac{1}{r} \frac{\partial\phi}{\partial\theta} = 0$$

となる．ここで，$\vec{e}_r$，$\vec{e}_\theta$ はそれぞれ r 方向，θ 方向の単位ベクトルである．結果として得られる速度は，半径方向成分のみをもち，この成分は湧き出しからの距離に反比例する．

吸い込みは負の湧き出しである．すなわち，流体は半径方向の流線に沿っ

て，吸い込み中心に向かって流れる．したがって，原点を中心とする強さ K の吸い込みは，

$$\phi = -\frac{K}{2\pi}\ln r \tag{8.6.5}$$

である．

8.6.3　2 重湧き出し

2 重湧き出し（**2 重吹き出し**ともよばれる）は強さの等しい湧き出しと吸い込みが互いに近づき，その結果，その距離が 0 に近づくことで定義される．湧き出しと吸い込みが近づく線は，2 重湧き出しの軸とよばれ，吸い込みから湧き出しに向かう方向を正とする．原点から x の負の方向に流れ出る流れに対する 2 重湧き出しのポテンシャルは

$$\phi = \frac{B}{r}\cos\theta \tag{8.6.6}$$

で与えられる．ここで，B は定数である．図 8.6.3 は 2 重湧き出しの等ポテンシャル線と流線を表している．

8.6.4　ポテンシャル渦

ポテンシャル渦は同心円状の流線をもつ流れの特異点として定義される．原点に中心をもつ渦のポテンシャルは，

$$\phi = -\frac{\Gamma\theta}{2\pi} \tag{8.6.7}$$

で与えられる．ここで，Γ は渦の強さである．時計回り方向の渦を表すのに符号をマイナスとすることにする．図 8.6.4 にポテンシャル渦の等ポテンシャル線と流線を示す．ポテンシャル関数を微分すると，1 つの孤立した渦の速度が以下のように得られる．

$$v_r = \frac{\partial\phi}{\partial r} = 0$$

$$v_\theta = \frac{1}{r}\frac{\partial\phi}{\partial\theta} = -\frac{\Gamma}{2\pi r}$$

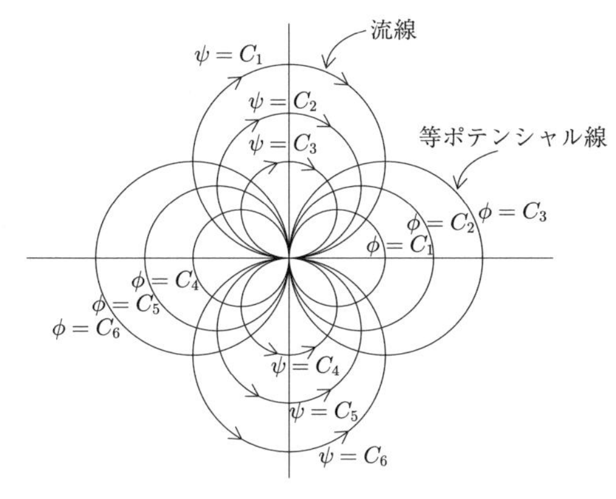

図 8.6.3 2 重湧き出しの流線と等ポテンシャル線（湧き出しの方向は x 軸の負の方向）

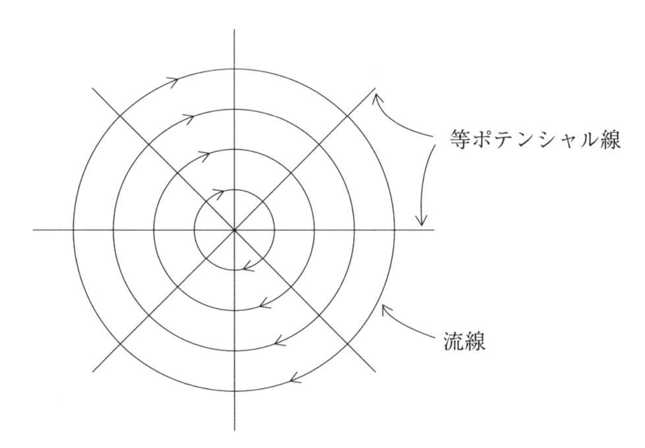

図 8.6.4 ポテンシャル渦の流線と等ポテンシャル線

したがって，この場合，半径方向速度成分をもたず，周方向速度成分は原点からの距離に反比例して減少する．ポテンシャル渦に対する速度ベクトルの回転は円柱座標系では以下のとおり書ける．

$$\nabla \times \vec{V} = \frac{1}{r} \begin{vmatrix} \vec{e}_r & r\vec{e}_\theta & \vec{e}_z \\ \dfrac{\partial}{\partial r} & \dfrac{\partial}{\partial \theta} & \dfrac{\partial}{\partial z} \\ v_r & rv_\theta & v_z \end{vmatrix}$$

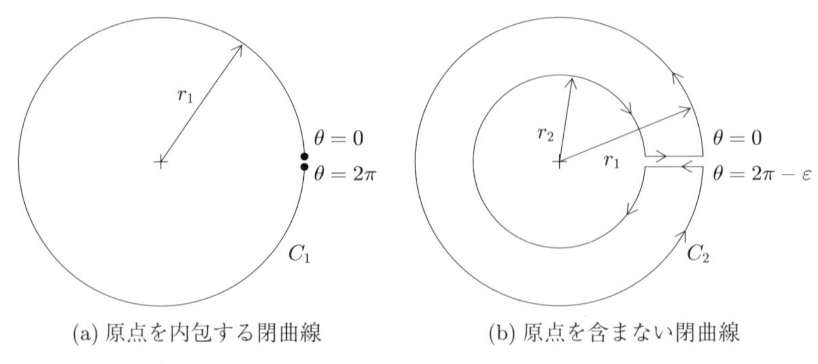

(a) 原点を内包する閉曲線　　(b) 原点を含まない閉曲線

図 8.6.5　ポテンシャル渦の循環を計算するための経路

したがって，

$$\nabla\times\vec{V}=0$$

となる．よって，流れは非回転であり，原点における速度は無限大となる．

次に，原点を囲む閉曲線 C_1 周りの循環を計算しよう．図 8.6.5(a) に示される半径 r_1 の円を考える．式 (7.4.1) を使うと，循環は

$$-\Gamma_{C_1}=\oint_{C_1}\vec{V}\cdot\mathrm{d}\vec{r}=\int_0^{2\pi}\left(-\frac{\Gamma}{2\pi r_1}\vec{e}_\theta\right)\cdot r_1\mathrm{d}\theta\vec{e}_\theta=\int_0^{2\pi}\left(-\frac{\Gamma}{2\pi}\right)\mathrm{d}\theta=-\Gamma$$

しかしながら，図 8.6.5(b) に示すように，原点を含まない閉曲線 C_2 に沿った循環を計算すると，

$$-\Gamma_{C_2}=\oint_{C_2}\vec{V}\cdot\mathrm{d}\vec{r}=\int_0^{2\pi-\varepsilon}\left(-\frac{\Gamma}{2\pi r_1}\right)r_1\mathrm{d}\theta+\int_{2\pi-\varepsilon}^{0}\left(-\frac{\Gamma}{2\pi r_2}\right)r_2\mathrm{d}\theta=0$$

となる．したがって，原点を含まない閉曲線に沿った循環は 0 となる．

CD などのディスクが回転するような 2 次元の回転物体はよく見られる．このような，固体の回転に対しては，

$$v_r=0$$

$$v_\theta=r\omega$$

と書ける．ここで ω は回転角速度である．これらの速度成分を微分し，速度ベクトルの回転を計算すると，

$$\nabla\times\vec{V}=\frac{1}{r}\left[\frac{\partial(rv_\theta)}{\partial r}-\frac{\partial v_r}{\partial\theta}\right]\vec{e}_z$$

であり，結局，

$$\nabla\times\vec{V}=2\omega\vec{e}_z$$

となる．したがって，剛体的に回転する流れの速度場は渦ありである．すなわち，この場合，ポテンシャル関数で流れを定義することはできない．

8.6.5 渦　糸

前項では2次元のポテンシャル渦を考えたが，ここでは，この渦が3次元的に存在し，紙面に垂直に軸をもつ糸のようなものを考える．ここでは，循環の強さは軸（糸）に沿って一定であるとする．このような渦を**渦糸**（**フィラメント**）といい，これは翼周りの流れの解析に重要な役割を果たす．この渦糸を用いた翼理論は第Ⅲ部を参照されたい．この渦が誘起する流れは，前述したとおり，

$$v_\theta=\frac{1}{r}\frac{\partial\phi}{\partial\theta}=-\frac{\Gamma}{2\pi r}$$

で与えられる．

ここでは，渦糸に関する**ヘルムホルツの渦理論**（the vortex theorems of Helmholz）をまとめておく．非粘性流体に対して，ポテンシャルが存在するなら，以下の事項が成り立つ．

(1) 与えられた渦糸周りの循環（すなわち，渦糸の強さ）はその長さに沿って一定である．

(2) 渦糸は流体内で消滅しない．閉じた経路をもたなければならないか，終点は境界か，無限大とならなければならない．これらの例を3つ挙げれば，煙の渦輪，風洞内の壁に取り付けられた2次元翼周りの束縛渦，3次元翼に見られる馬蹄形渦の下流端が考えられる．

(3) もし，最初に回転していなければ，流体粒子は回転しない．あるいは，回転させようとする外力が存在しない条件では，初期に非回転（渦なし）であった流れは，非回転を維持する．一般に，渦は時間経過に対し

て保存される．粘性の効果によってのみ（あるいは他の散逸機構）渦は崩壊あるいは消滅する．

表 8.6.1 は，いままで議論してきた基本的な流れの流れ関数とポテンシャル関数をまとめて示している．

表 8.6.1 基本的な流れの流れ関数とポテンシャル関数

流れ	流れ関数 ψ	ポテンシャル関数 ϕ
一様流	$U_\infty r \sin\theta$	$U_\infty r \cos\theta$
湧き出し	$\dfrac{K\theta}{2\pi}$	$\dfrac{K}{2\pi}\ln r$
2 重湧き出し	$-\dfrac{B}{r}\sin\theta$	$\dfrac{B}{r}\cos\theta$
渦（時計方向回転）	$\dfrac{\Gamma}{2\pi}\ln r$	$-\dfrac{\Gamma\theta}{2\pi}$
90° のコーナー	Axy	$\dfrac{1}{2}A(x^2-y^2)$
剛体回転	$\dfrac{1}{2}\omega r^2$	存在しない

9

円柱周りの流れ

9.1 速　度　場

一様流が，2 重湧き出し（その軸が一様流の方向と平行）と重ね合わされた場合を考えることにする．したがって，流出方向は一様流の方向と反対である（図 9.1.1 参照）．一様流に対するポテンシャル関数［式 (8.6.1)］と 2 重湧き出しに対するポテンシャル関数［式 (8.6.6)］を，速度場を与える式 (8.6.4) に代入すると，

$$\phi = U_\infty r\cos\theta + \frac{B}{r}\cos\theta \tag{9.1.1}$$

$$v_\theta = \frac{1}{r}\frac{\partial\phi}{\partial\theta} = -U_\infty\sin\theta - \frac{B}{r^2}\sin\theta$$

$$v_r = \frac{\partial\phi}{\partial r} = U_\infty\cos\theta - \frac{B}{r^2}\cos\theta$$

となる．上式から，$r = \sqrt{B/U_\infty}$ のすべての点において，$v_r = 0$ となることがわかる．これは，速度は流線に対し，常に接線方向であり，$r = R = \sqrt{B/U_\infty}$ の円に対し垂直方向に速度成分 v_r は 0 となることを示している．これは，この流れにおいて，円を流線と考えることができることを意味する．B を R^2U_∞ で置き換えると，速度成分は以下のとおりとなる．

$$v_\theta = \frac{1}{r}\frac{\partial\phi}{\partial\theta} = -U_\infty\sin\theta\left(1+\frac{R^2}{r^2}\right) \tag{9.1.2a}$$

$$v_r = \frac{\partial\phi}{\partial r} = U_\infty\cos\theta\left(1-\frac{R^2}{r^2}\right) \tag{9.1.2b}$$

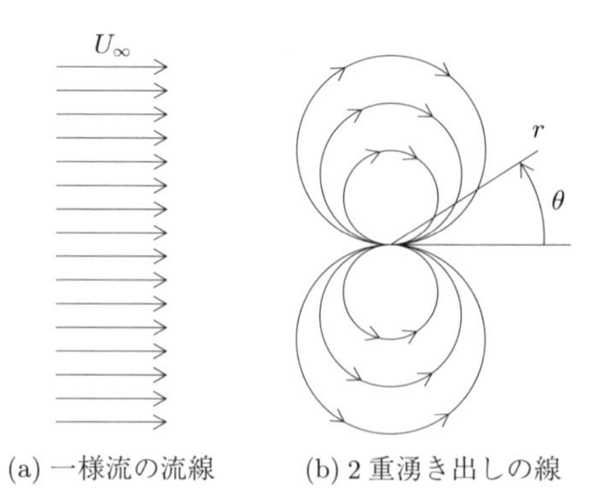

図 9.1.1　一様流と 2 重湧き出しの重ね合せ（円柱を過ぎる流れ）

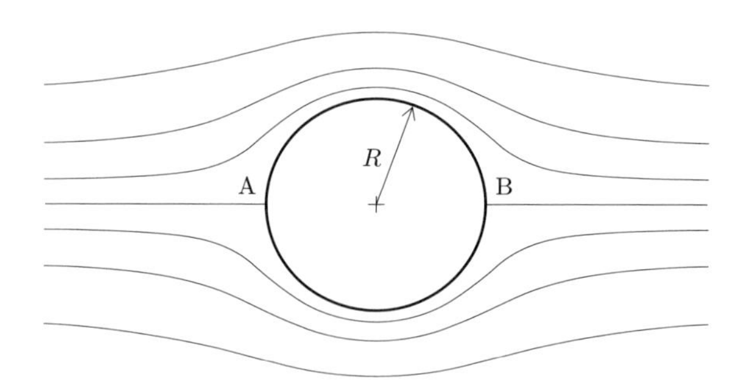

図 9.1.2　円柱を過ぎる流れ（循環なし）

速度場を解析すると，非粘性流れが固体壁に沿うという境界条件を満たすだけでなく，円柱から離れた点の速度が乱されていない主流の速度 U_∞ と一致することがわかる．流線を図 9.1.2 に示す．このように，一様流と 2 重湧き出しの重ね合わせの結果として得られた非圧縮性・非回転の 2 次元流れは，主流に対して直角方向に軸をもつ半径 R の円柱周りの流れとなる．

円柱表面における速度は

$$v_\theta = \frac{1}{r}\frac{\partial \phi}{\partial \theta}\bigg|_{r=R} = -2U_\infty \sin\theta \tag{9.1.3}$$

となる．もちろん，前述したように，円柱表面では $v_r = 0$ である．解は非粘性を仮定した流れに対するものであるので，表面に隣接する流体粒子が表面に対して相対的に運動すること（すべりなし条件には違反する）は，問題ない．

$\theta = 0$ あるいは π（点 B あるいは点 A にそれぞれ対応する，図 9.1.2 参照）では，流体は円柱に対して静止している（$v_r = v_\theta = 0$）．したがって，これらの点はよどみ点である．

9.2 圧 力 場

円柱表面の速度は θ の関数であるので，円柱表面の局所静圧もまた θ の関数である．圧力分布がわかれば，物体に作用する力とモーメントを求めることができる．ベルヌーイの式 (7.2.8) を使用すると，有次元の局所静圧分布が以下のとおり得られる．

$$p = p_\infty + \frac{1}{2}\rho_\infty U^2 - 2\rho_\infty U_\infty^2 \sin^2\theta \tag{9.2.1}$$

無次元の圧力係数で圧力を表すと，以下のとおりとなる．

$$C_p = \frac{p - p_\infty}{\frac{1}{2}\rho_\infty U_\infty^2} = 1 - 4\sin^2\theta \tag{9.2.2}$$

式 (9.2.2) から求まる圧力係数は θ の関数として，図 9.2.1 に示されている．$\theta = 180°$ で風上側あるいは前方に対して（すなわち，主流に向かって）対称となっている．円柱の十分前方から円柱に近づくと，対称面では，風上側のよどみ点（前部よどみ点）で，流れは主流の速度から 0 に減速する．その後，流れは加速し，主流速度の 2 倍の最大速度に達する．この最大値（これは $\theta = 90°$ と $\theta = 270°$ で生じる）から，円柱の背面では，円柱表面の接線方向速度はよどみ点まで減速する．

しかし，空気の粘性は小さいにもかかわらず，実際の流れ場は，これまで述べてきたような非粘性の解とは根本的に異なる．粘性の影響でかなり減速されている境界層内の空気粒子は，このような鈍頭物体の背面においては速度が減速し，かなり大きな逆圧力勾配にさらされる．その結果，境界層剥離が生じる．実際に，図 9.2.2 に示すように，円柱周りの煙の様相から流れの剥離が明確にわかる．詳しくは第 2 巻『粘性流体力学』を参照していただきたいが，この剥離の様相は，円柱表面に発達する境界層の性質で著しく異なることが

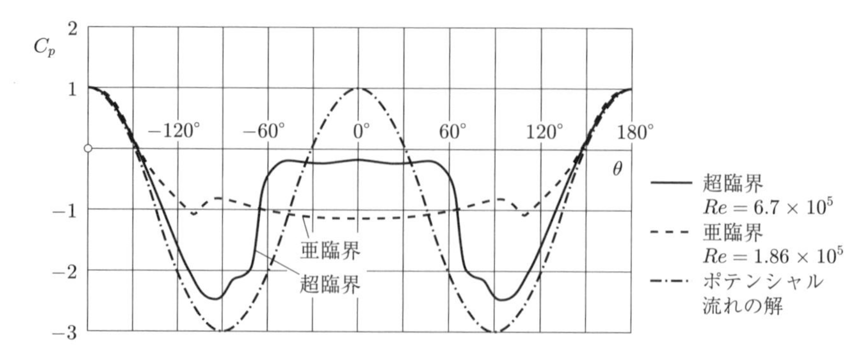

図 9.2.1 円柱周りの圧力分布
(Schlichting, H.: Boundary Layer Theory, 7th Edition, McGraw-Hill, 1979, p.21.)

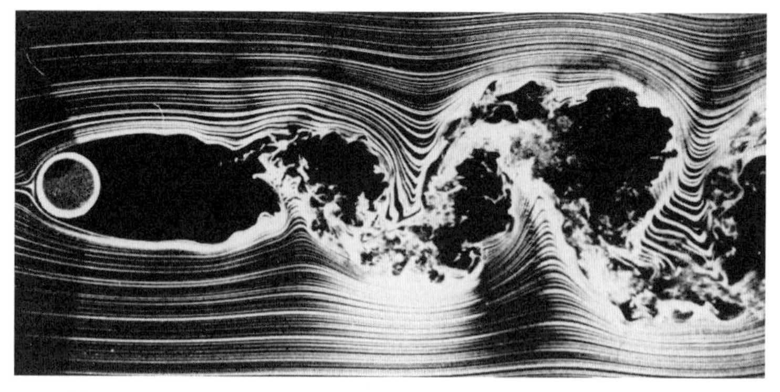

図 9.2.2 円柱周りの流れの可視化（亜臨界領域）
(Milton Van Dyke: An Album of Fluid Motion, The Parabolic Press, 1982, p.31.)

知られている．

図 9.2.3 に実験的に求めた剥離位置がレイノルズ数の関数として示されている．レイノルズ数は無次元数であり，（この場合 $Re_d = \rho_\infty U_\infty d/\mu_\infty$）流れの粘性の性質を表している．**亜臨界レイノルズ数**（約 3×10^5 より小さい）では，風上側の表面では，境界層は層流であり，剥離は $\theta \approx 100°$，すなわち，前部よどみ点から約 $80°(\phi_s \approx 80°)$ の位置で生じる．図 9.2.1 で示されている非粘性の解は，剥離を抑制することに対してより好都合な圧力勾配を示している

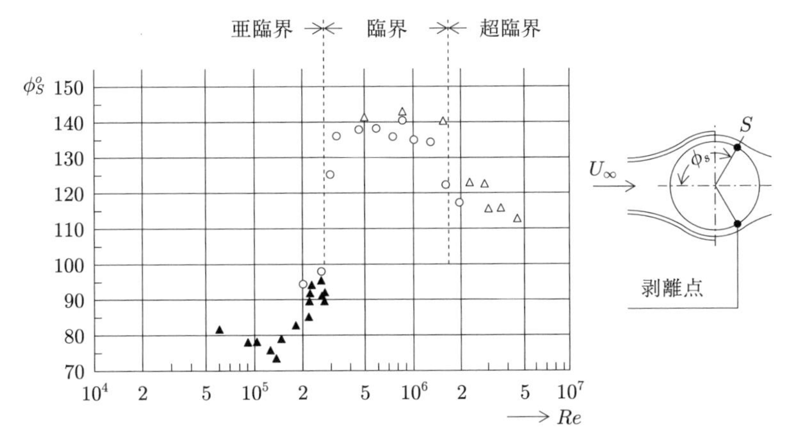

図 9.2.3 円柱周りの流れの剥離点に及ぼすレイノルズ数の影響
▲ : L/d = 3.33, △ : L/d = 3.33, ○ : L/d = 6.66
(Achenbach, E.: "Distribution of Local Pressure and Skin Friction Around a Circul Cylinder in Cross-Flow up to Re = 5 × 10^6", Journal of fluid Mechanics, **34**, Pa 4 (1968), pp. 625-639.)

(静圧は流れ方向に対して減少している). 圧力が実際に流れ方向に減少するならば, 剥離は生じない. 剥離の発生は, 円柱前方部分の表面圧力分布を変化させる. 臨界レイノルズ数を超えると, 前方部分の境界層は乱流となる. 乱流境界層中では壁近傍の流体粒子は高い運動エネルギーをもつため, 流れは圧力勾配に逆らって, 長く進むことができる. 臨界領域では, 間欠的な**剥離泡**が観測されている. この場合, 図 9.2.3 に示すように, 剥離は $\theta = 40^\circ$ まで生じない (前部よどみ点から 140° の位置). $Re_d > 1.5 \times 10^6$ では, 剥離泡は生じない. このことは, 流れは超臨界状態に達しているといえる. 超臨界レイノルズ数では, 剥離は $60^\circ < \theta < 70^\circ$ の領域で生じる.

円柱前部の境界層が層流 (亜臨界レイノルズ数) と乱流 (超臨界レイノルズ数) の場合について, 実験で得られた圧力分布が図 9.2.1 に示されている. 亜臨界の圧力係数の分布は, 臨界レイノルズ数より小さいレイノルズ数の広い範囲で基本的に変化しない. 同様に, 臨界レイノルズ数より大きい超臨界レイノルズ数の広い範囲では, 超臨界の圧力係数はレイノルズ数に依存しない. 剥

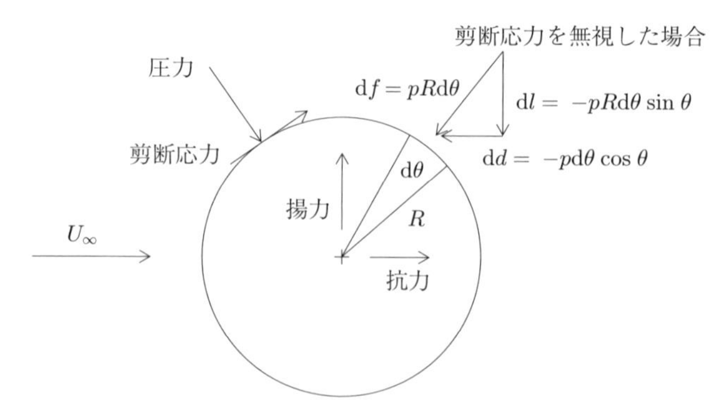

図 9.3.1　一様流中の円柱に作用する力

離点より上流の流れでは，境界層は薄く，圧力係数の分布は基本的に境界層の性質に依存しない．しかし，付着した境界層の特性は剥離点位置に影響を及ぼし，剥離領域の圧力に影響を与えることがわかる．もし，付着した境界層が乱流ならば，剥離は遅れ，剥離領域の圧力はより高くなり，非粘性の解に近づくことがわかる．

9.3　揚力と抗力

円柱周りの空気粒子の運動は円柱に力を及ぼす．その力を表面に垂直方向成分（圧力）と接線方向成分（剪断力）に分けて考えることにする．円柱に作用する力を主流に垂直方向成分（**揚力**とよぶ）と主流の方向に平行な成分（**抗力**あるいは**抵抗**とよぶ）に分ける．ここで用いる記号は図 9.3.1 に示すとおりである．

速度分布［式 (9.1.3)］と圧力分布［式 (9.2.1) あるいは式 (9.2.2)］が非粘性流れに対して得られているので，揚力と抗力に対して圧力の寄与のみ考えればよい．図 9.3.1 に示されているように，円柱単位スパン当たりの揚力は，

$$l = -\int_0^{2\pi} p\sin\theta R\mathrm{d}\theta \tag{9.3.1}$$

である．θ の関数として静圧が定義されている式 (9.2.1) を用いると，

$$l = 0 \tag{9.3.2}$$

となる．圧力分布が x 軸に関して対称であるので，円柱単位スパン当たりの揚力は 0 であることは驚くことではない．

静圧を表す式 (9.2.1) の代わりに無次元圧力係数，式 (9.2.2) を用いることを考えよう．

$$\int_0^{2\pi} p_\infty \sin\theta R \mathrm{d}\theta = 0 \tag{9.3.3}$$

であるので，式 (9.3.1) と (9.3.3) を加えると，

$$l = -\int_0^{2\pi} (p - p_\infty) \sin\theta R \mathrm{d}\theta$$

であり，両辺を $\frac{1}{2}\rho_\infty U_\infty^2 \cdot 2R$（動圧 × x 平面における単位スパン当たりの面積）で割ると，結局，

$$\frac{l}{\frac{1}{2}\rho_\infty U_\infty^2 \cdot 2R} = -\frac{1}{2}\int_0^{2\pi} C_p \sin\theta \mathrm{d}\theta \tag{9.3.4}$$

となる．式 (9.3.4) の両辺は無次元であることに注意しよう．左辺の表記は円柱に対する**揚力係数**（lift coefficient）として知られている．すなわち，

$$C_l = \frac{l}{\frac{1}{2}\rho_\infty U_\infty^2 \cdot 2R} \tag{9.3.5}$$

である．いま，θ の関数として C_p を定義し，式 (9.2.2) を使うと，

$$C_l = \frac{l}{q_\infty 2R} = -\frac{1}{2}\int_0^{2\pi} C_p \sin\theta \mathrm{d}\theta = -\frac{1}{2}\int_0^{2\pi} (1 - 4\sin^2\theta) \sin\theta \mathrm{d}\theta = 0$$

となる．これは，もちろん，圧力を直接積分しても同じ結果が得られる．

図 9.3.1 を参考にし，同様の計算をすると，非粘性流体に対する円柱の単位スパン当たりの抗力を求めることができる．計算を実行すると，単位スパン当たりの抗力は，

$$d = -\int_0^{2\pi} p \cos\theta R \mathrm{d}\theta \tag{9.3.6}$$

となる．局所圧力に対して式 (9.2.1) を代入すると，

$$d = -\int_0^{2\pi} \left(p_\infty + \frac{1}{2}\rho_\infty U^2 - 2U_\infty^2 \sin^2\theta \right) \cos\theta R \mathrm{d}\theta$$

であり，結局，

$$d = 0 \tag{9.3.7}$$

を得る．すなわち，抗力が0である．この結果は，一般常識からみると，明らかに矛盾している（これは，**ダランベールの背理**として知られている）．図9.2.1を詳細にみると，円柱背後の対称面近傍の剥離した後流領域（図9.2.1の$\theta = 0°$付近）における実際の圧力は理論値よりずっと小さい．結果として，円柱前面の対称面近傍（$\theta = 180°$付近）に作用する高い圧力と円柱背後の対称面近傍に作用する比較的低い圧力の差が生じる．実際には，これが大きな抗力をもたらす原因である．

物体表面全部にわたって積分された圧力の流れ方向成分として表される抗力は**圧力抵抗**（圧力抗力，pressure drag）とよばれる．飛行物体表面全体にわたって積分された剪断力の流れ方向成分は**摩擦抵抗**（摩擦抗力，skin friction drag）とよばれる．圧力抵抗と摩擦抵抗を合わせて形状抵抗とよぶことがある．円柱を過ぎる実際の流れでは，摩擦抵抗は圧力抵抗に比べて小さい．しかし，重要な圧力抵抗は粘性の作用のために生じる．この粘性の作用は境界層を剥離させ，圧力場を変化させる．円柱前面の境界層が乱流のとき，円柱背後の対称面近傍の圧力は，層流のときに比べて高い（非粘性の場合の値に近い）．したがって，乱流の場合，層流の場合に比べて，円柱前面の対称面近傍に作用する圧力と円柱背後の対称面近傍に作用する圧力の差は小さくなる．結果として，乱流境界層に対する圧力抵抗は，層流境界層のそれに対して著しく小さくなる．

円柱に対する単位スパン当たりの抵抗係数（抗力係数）は，

$$C_d = \frac{d}{\frac{1}{2}\rho_\infty U_\infty^2 \cdot 2R} \tag{9.3.8}$$

で定義される．低速流れにおける円柱の抵抗係数の実験値は図9.3.2にレイノルズ数の関数として示されている．レイノルズ数が300,000より小さいと，抵抗係数はほぼ一定（約1.2）で，レイノルズ数に依存しない．図9.2.1に示されたC_pの値について述べたように，亜臨界領域の圧力係数の分布は広いレ

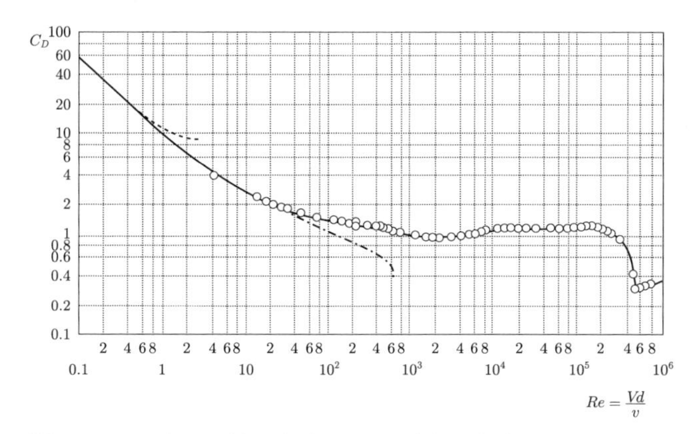

図 9.3.2　円柱の抵抗係数（レイノルズ数の影響）
○　　実験値（C. Wieselsberger）
------　漸近公式 $Re \to 0$： $c_D = \frac{8\pi}{Re}[\Delta - 0.87\Delta^3 + \cdots]$, ここで $\Delta = [\ln(7.406/Re)]^{-1}, Re = \frac{Vd}{v}, C_D = 2D/(\rho V^2 bd)$
-·-·-　数値計算結果（A. E. Hamielec; 定常流れ）
Re = 300 における比較: 定常流れ; $C_D = 0.729$, 非定常流れ; $C_D = 1.32$
(Schlichting, H. and Gersten, K.: Boundary Layer Theory 8th Revised and Enlarged Edition, Springer, 1999, p.19.)

イノルズ数範囲において基本的に変化しない．亜臨界領域では，抵抗係数と圧力係数の両方とも基本的にレイノルズ数に依存しないので，圧力抵抗が鈍頭物体に対して支配的な成分である．したがって，

$$C_d = \frac{d}{\frac{1}{2}\rho_\infty U_\infty^2 \cdot 2R} = -\frac{1}{2}\int_0^{2\pi} C_p \cos\theta \mathrm{d}\theta$$

である．臨界レイノルズ数より大きいレイノルズ数では（円柱前面の境界層が乱流），抵抗係数は十分に小さい．超臨界における圧力分布を見ると，剥離領域の圧力は非粘性の解（ポテンシャル流れの解）に近い．レイノルズ数が亜臨界の場合，表面の粗さによって境界層遷移が引き起こされることが報告されている．遷移を引き起こす表面粗さ要素の例として，ゴルフボールのディンプルや飛行機の翼の**空力面**（aerodynamics surface）の渦発生器がある．ゴルフボールのディンプルは抵抗の減少をもたらし，渦発生器は剥離を遅らせる作用

がある．

9.4 無次元パラメーターとしての揚力係数と抵抗係数

円柱に対する抵抗係数［式 (9.3.8)］と揚力係数［式 (9.3.5)］の式は同じ概念で定義されている．そこで，**力係数**（force coefficient）として以下の式を定義する．

$$C_F = \frac{\text{力}}{\left(\dfrac{1}{2}\rho_\infty U_\infty^2\right) \times (\text{面積})} = \frac{\text{力}}{(\text{動圧}) \times (\text{面積})} \tag{9.4.1}$$

無限に長いスパンの場合には，単位スパン当たりの力は単位スパン当たりの面積で割ればよい．理想的には，力係数は飛行物体の形状と姿勢の関数となる．しかし，空気の粘性と圧縮性の影響は力係数を変化させる原因となることが知られている．これらの効果は，レイノルズ数とマッハ数をパラメーターとして変化することが知られており，実験的に求められているが，いまだ未解明の問題も存在する．

式 (9.4.1) から，空気力学的な力は主流の速度の 2 乗，主流の密度，飛行物体の大きさ，および力係数に比例することは明らかである．全抵抗ならびに抵抗係数に及ぼす物体形状の影響を図 9.4.1 と 9.4.2 に示す．いま，形状が (a) 平板，(b) 円柱，(c) 流線形の物体を比較しよう．それらは，同じ大きさ（代表長さ）をもつ．すなわち同じレイノルズ数の流れにさらされている．このレイノルズ数では，形状の流線形化が圧力抵抗の劇的な減少をもたらし，表面摩擦抵抗に関してはわずかに増加することがわかる．したがって，形状の流線形化は抵抗係数を減少させるのにきわめて有効である．

(d) の場合の小さな円柱の直径はほかの代表長さの約 10 分の 1 である．いま，形状が同じで同じ流れ条件の (b) の円柱と比較すると，小さな円柱は 10^4 のレイノルズ数で測定されている．円柱の大きさは小さくなっているので，(d) の円柱に対する抗力は (b) の円柱のそれに比べて 1 桁小さい．しかし，レ

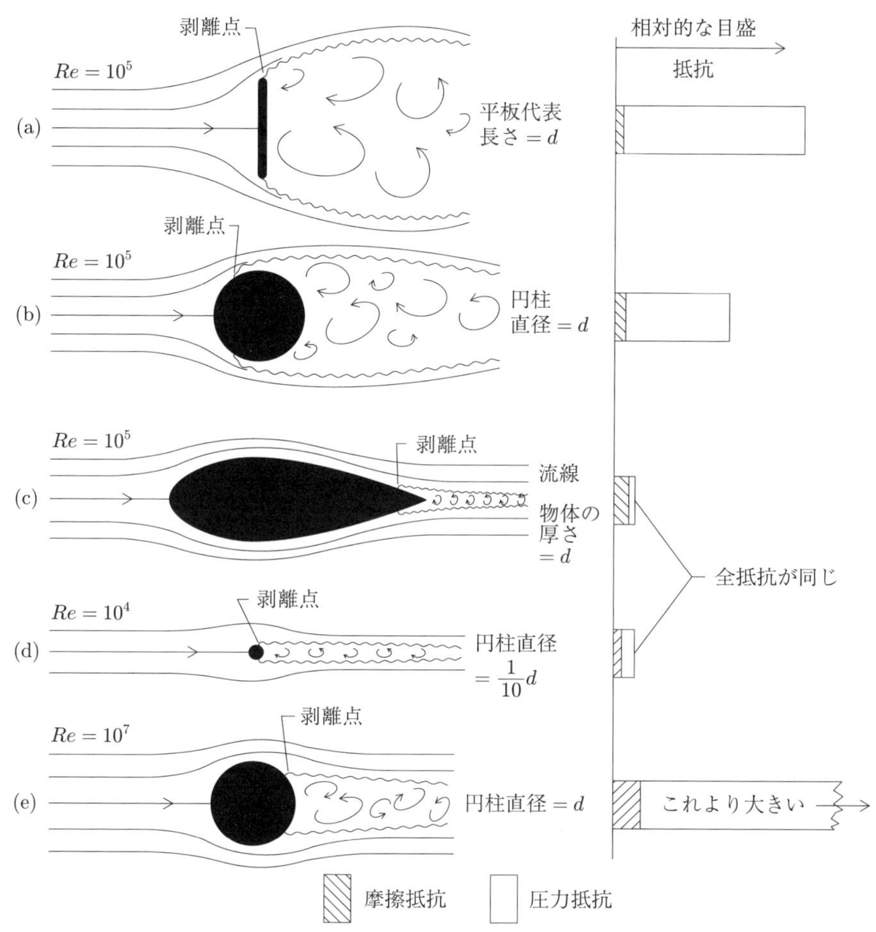

図 9.4.1 種々の形状とレイノルズ数による抵抗の比較
(Talay, T. A.: Introduction to the Aerodynamics of Flight, SP-367, NASA, 1975, p.43.)

イノルズ数がこの範囲では，抵抗係数は基本的に一定である（図 9.3.2 参照）．図 9.4.1 に示すように，小さな円柱の全抵抗は厚い流線形状の物体（代表長さの大きい流線形の物体）の全抵抗と等しい．このことから，第 1 次世界大戦時の複葉機に用いられた翼間に張られたワイヤーがいかに大きな負荷抵抗をつくり出していたか容易に想像できよう．

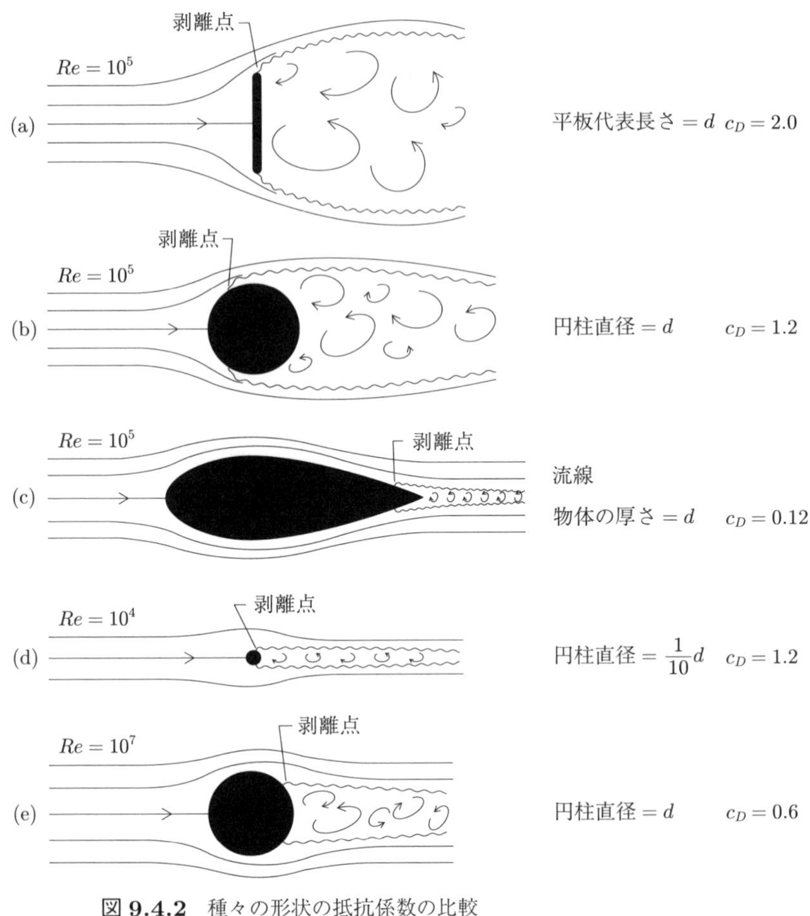

図 9.4.2　種々の形状の抵抗係数の比較
(Talay, T. A.: Introduction to the Aerodynamics of Flight, SP-367, NASA, 1975, p.46.)

円柱の場合，(e) に示すように，レイノルズ数が 10^7 を超えると（図 9.3.2 の超臨界流れに相当），圧力抵抗はとても大きくなる．しかし，この条件 (e) における抵抗係数はたかだか 0.6 である．すなわち圧力抵抗が十分大きいにもかかわらず，この値は亜臨界流れの抵抗係数より小さい．円柱の直径は (b) と (e) で同じであるので，レイノルズ数が 2 桁大きいことが主流の密度と主流の速度によって達成されている．したがって，式 (9.3.8) の分母が分子より増加している．結果として，有次元の力は増加しているが，無次元の力係数は減少することになる．

9.5 循環をもつ円柱周りの流れ

9.5.1 速度場と圧力場

時計回りのポテンシャル渦が2重湧き出しと一様流の組み合わせに重ねられた場合を考えよう．結果として得られるポテンシャル関数は，

$$\phi = U_\infty r\cos\theta + \frac{B}{r}\cos\theta - \frac{\Gamma\theta}{2\pi} \tag{9.5.1}$$

となる．したがって，

$$v_r = \frac{\partial\phi}{\partial r} = U_\infty\cos\theta - \frac{B\cos\theta}{r^2} \tag{9.5.2a}$$

$$v_\theta = \frac{1}{r}\frac{\partial\phi}{\partial\theta} = \frac{1}{r}\left(-U_\infty r\sin\theta - \frac{B}{r}\sin\theta - \frac{\Gamma}{2\pi}\right) \tag{9.5.2b}$$

ここで，$r = \sqrt{B/U_\infty}$ のすべての点において，$v_r = 0$ となることがわかる．いま，$r = R = \sqrt{B/U_\infty}$ とおくことにする．速度は流線に対し，常に接線方向であるので，v_r は半径 R の円に垂直で，0となる．これは，この流れにおいて，円を流線と考えることができることを意味する．したがって，得られたポテンシャル関数もまた円柱周りの流れを表している．しかし，この流れに対して，表面から離れた流線のパターンは，水平面に関して対称ではないことに注意しよう．円柱表面の速度は以下のように書ける．

$$v_\theta = -U = -2U_\infty\sin\theta - \frac{\Gamma}{2\pi R} \tag{9.5.3}$$

得られた円柱に関する非回転流れは，物体周りの循環の大きさが指定されれば一義的に決まる．圧力係数の定義式 (7.3.2) を用いると，以下の式を得る．

$$C_p = \frac{p - p_\infty}{\frac{1}{2}\rho_\infty U_\infty^2} = 1 - \frac{U^2}{U_\infty^2} = 1 - \frac{1}{U_\infty^2}\left[4U_\infty^2 \sin^2\theta + \frac{2\Gamma U_\infty \sin\theta}{\pi R} + \left(\frac{\Gamma}{2\pi R}\right)^2\right] \tag{9.5.4}$$

9.5.2　揚力と抗力

円柱の単位スパン当たりの抗力の式 (9.3.6) に圧力に関する式 (9.5.4) を代入すると，

$$d = -\int_0^{2\pi} p\cos\theta R\mathrm{d}\theta = 0$$

となる．このように，定常・非回転・非圧縮性流れでは，抗力が 0 となることは，一般的な 2 次元物体に対して適用できる．しかし，実際の 2 次元流れでは，抗力が存在する．非圧縮性流れにおいては，抗力は粘性の影響によるものである．これは表面で剪断力を生じさせ，その結果として，さらに圧力場を変化させる．圧縮性流れにおいては，造波抵抗など，粘性に起因しない抵抗も発生する．これについては，第 3 巻を参照されたい．

円柱に対して，単位スパン当たりの揚力を求めるために，圧力分布を積分すると，以下の式が得られる．

$$l = -\int_0^{2\pi} p\sin\theta R\mathrm{d}\theta = \rho_\infty U_\infty \Gamma \tag{9.5.5}$$

したがって，単位スパン当たりの揚力は円柱の循環に比例する．この結果は，**クッタ・ジューコフスキーの定理**（Kutta-Joukowski theorem）として知られている．

一様流，湧き出し，吸い込み，渦の重ね合わせで表現できる閉じた物体周りの流れ場を計算することを考える．閉じた物体とは，湧き出し強さの総和が吸い込みの強さの総和と等しいことである．物体の表面から十分離れた点から流れ場を考えると，湧き出しと吸い込みの距離は無視でき，流れ場は物体内の渦の強さと等しい循環をもつ 1 つの 2 重湧き出しによってつくられるものとして表される．したがって，作用する力は物体形状には依存せず，循環をもつ円柱と同様に，

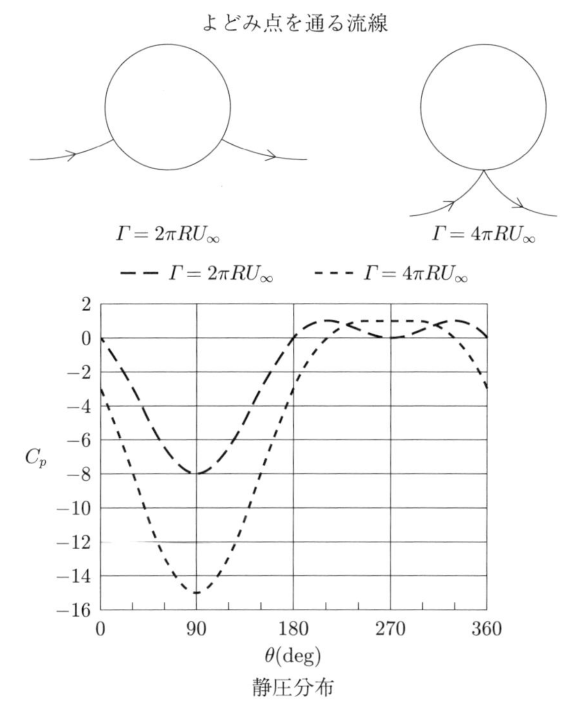

図 9.5.1　円柱周りの循環をもつ流れのよどみ点を通る流線と壁面静圧分布

$$l = \rho_\infty U_\infty \Gamma$$

となる．

よどみ点の位置もまた循環の大きさによって変化する（図 9.5.1 参照）．よどみ点を見つけるために，

$$v_r = v_\theta = 0$$

の位置を見つける必要がある．円柱上のすべての点で $v_r = 0$ であるので，よどみ点は $v_\theta = 0$ の点である．したがって，

$$-2U_\infty \sin\theta - \frac{\Gamma}{2\pi R} = 0$$

あるいは，

$$\theta = \sin^{-1}\left(-\frac{\Gamma}{4\pi R U_\infty}\right) \tag{9.5.6}$$

である．もし，$\Gamma < 4\pi R U_\infty$ であるなら，円柱表面によどみ点は 2 つあることになる．それらは，y 軸に関して対称であり，両者とも x 軸より下にある（図 9.5.1 参照）．もし，$\Gamma = 4\pi R U_\infty$ であるなら，円柱上には 1 つのよどみ点しか存在せず，その点は $\theta = 270°$ である．この循環の大きさに対して，単位スパン当たりの揚力は，

$$l = \rho_\infty U_\infty \Gamma = 4\rho_\infty U_\infty^2 \pi R \tag{9.5.7}$$

となる．円柱の単位スパン当たりの揚力係数は，

$$C_l = \frac{l}{q_\infty 2R}$$

であるので，

$$C_l = \frac{4\rho_\infty U_\infty^2 \pi R}{\dfrac{1}{2}\rho_\infty U_\infty^2 2R} = 4\pi \tag{9.5.8}$$

となる．4π という値は，円柱周りの循環のある流れ場において，最大の揚力係数であり，循環がこれより大きければよどみ点は存在しない．

10

物体表面に湧き出し分布を与えた流れ

これまで，非粘性の方法を使って，クッタ・ジューコフスキーの定理のような，基本的な流れ現象を扱ってきた．他の形状，例えば，対称軸が一様流の方向と平行のような軸対称物体は対称軸に沿って湧き出しを配置することで表現することができる．任意の形状の周りの流れに対する厳密解は，いろいろな方法で見つけることができる．その多くは，数値的解法であり，計算機を使うことになる．

10.1 パネル法

ここでは，図 10.1.1 に示すような，2 次元物体が一様流中にある場合を考えることにする．座標系は，x 方向はコード方向であり，y 方向はスパン方向であるとする．形状は有限の数（M）の直線の部分あるいはパネルで表現することにする．流れ場に対する j 番目のパネルの効果は，一様な強さの湧き出しが表面上に分布しているとして特徴付けられる．式 (8.6.3) を参照すると，j 番目のパネル上の湧き出しの分布は，誘導速度を生じさせ，点（x, y）におけるポテンシャルは以下の式で与えられる．

$$\phi(x, y) = \int \frac{k_j \mathrm{d}s_j}{2\pi} \ln r \tag{10.1.1}$$

ここで，k_j はパネルの単位面積当たりに噴出される流体の体積として定義され，積分はパネルの長さ $\mathrm{d}s_j$ で積分される．ただし，

$$r = \sqrt{(x - x_j)^2 + (z - z_j)^2} \tag{10.1.2}$$

である．流れは 2 次元であるので，すべての計算は y 軸あるいはスパン方向

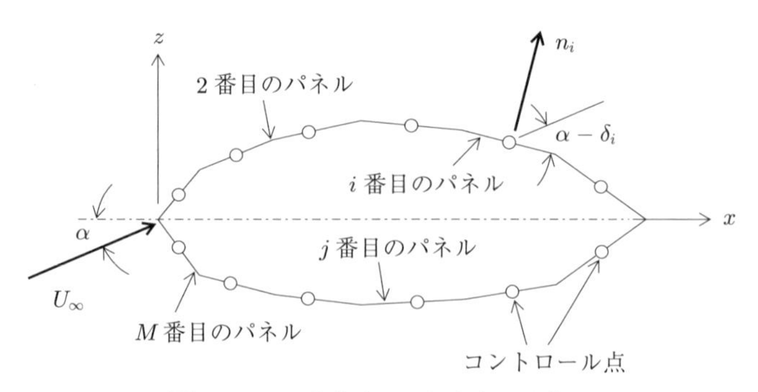

図 10.1.1　物体表面の湧き出し分布
α は迎え角，δ_i は i 番目のパネルの傾き

に沿った単位長さに対して行われる．

M 個のパネルのそれぞれは，同様の湧き出しが存在するものとする．湧き出しの強さ k_j は，表面が流線であるという物理的な条件を満足させる必要がある．したがって，湧き出しによって誘起された速度と主流の速度の和は，M 個のパネルのそれぞれにおいて，パネルの表面で垂直方向に 0 でなければならない．一般に，パネルを代表する点を**コントロール点**とよび，その点における流れ方向が表面の接線方向となる．コントロール点は，図 10.1.1 に示されるように，パネルの中央に選ばれることが多い．

i 番目のパネルのコントロール点において，M 個のパネルの湧き出しと主流の重ね合わせとの結果得られる流れに対する速度ポテンシャルは以下の式で与えられる．

$$\phi(x_i, z_i) = U_\infty x_i \cos\alpha + U_\infty z_i \sin\alpha + \sum_{j=1}^{M} \frac{k_j}{2\pi} \int \ln r_{ij} \mathrm{d}s_j \tag{10.1.3}$$

ここで，r_{ij} は i 番目のパネルのコントロール点から j 番目のパネルのコントロール点までの距離である．

$$r_{ij} = \sqrt{(x_i - x_j)^2 + (z_i - z_j)^2} \tag{10.1.4}$$

湧き出しの強さ，k_j は積分の外に出せる．これは，j 番目のパネル上では湧き出しは一定であるからである．総和のそれぞれの項は，i 番目のパネルのコントロール点のポテンシャルに対する j 番目のパネルの寄与を表している．

境界条件は，コントロール点のそれぞれにおいて，表面に垂直方向の速度が 0 である．したがって，

$$\frac{\partial}{\partial n_i}\phi(x_i, z_i) = 0 \tag{10.1.5}$$

は，すべてのコントロール点で満足されなければならない．式 (10.1.3) の空間微分の評価について注意する必要がある．なぜなら，i 番目のパネルの寄与が評価されたとき，式 (10.1.4) を参照すると，$j = i$ では，

$$r_{ij} = 0$$

となるからである．その結果，式 (10.1.5) の結果は以下のとおりとなる．

$$\frac{k_j}{2} + \sum_{\substack{j=1 \\ (j \neq i)}}^{M} \frac{k_j}{2\pi} \int \frac{\partial}{\partial n_i}(\ln r_{ij}) \mathrm{d}s_j = -U_\infty \sin(\alpha - \delta_i) \tag{10.1.6}$$

ここで，δ_i は i 番目のパネルの x 軸に対する勾配である．総和は $j = i$ をのぞいてすべての値について行われることに注意する必要がある．式 (10.1.6) の左辺の最初の項は，点 (x_i, z_i)，すなわち，i 番目のパネルのコントロール点における外向きの垂直方向速度に対する i 番目のパネルの湧き出し密度の寄与を表している．2 番目の項は，i 番目のパネルのコントロール点における外向きの垂直方向速度に対する境界表面の残りの寄与である．i 番目のコントロール点に対する式 (10.1.6) の項の評価は未知の湧き出し強さ k_j（$j = 1$ から M，$j = i$ を含む）の線形方程式となる．i のすべてに対して方程式を評価すると，M 次の連立方程式が得られ，それは湧き出し強さについて解かれる．パネルの湧き出し強さが決定されると，速度は式 (10.1.3)，(10.1.4) を使って流れ場のいかなる点についても求めることができる．速度が求まると，ベルヌーイの式を使えば，圧力場を計算することができ，その結果，揚力を求めることができる．

このように，物体をパネルに分割し，湧き出しなどを分布させ，流れを解析する方法を**パネル法**とよぶ．

10.2　パネル法による計算例

一様流中の円柱周りの流れ場を記述するために，表面に湧き出しを分布させることを考える．ここで，主流の速度は U_∞ とする．円柱の半径は 1 とする．円柱は，図 10.2.1 に示されるように，8 つの長さの等しい直線のセグメントで表現される．パネルはパネル 1 が主流に垂直になるように配置することとする．

パネル 3 のコントロール点の垂直方向速度に対して，パネル 2 上の湧き出し分布の寄与を計算しよう．このサンプルを含む 2 つのパネルの詳細は図 10.2.2 に示されている．式 (10.1.6) を参照し，積分を評価すると，

$$\int \frac{\partial}{\partial n_i}(\ln r_{ij})\mathrm{d}s_j$$

となる．ここで，$i = 3$，$j = 2$ であるとき，この積分を I_{32} と書くことにする．

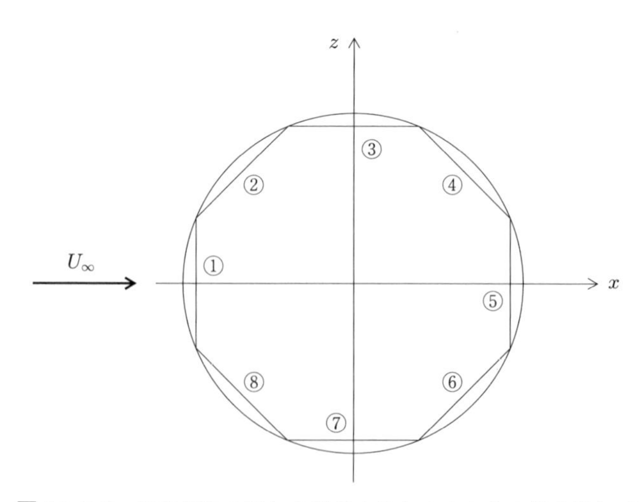

図 10.2.1　円柱周りの流れを解析するための 8 枚の湧き出しパネル

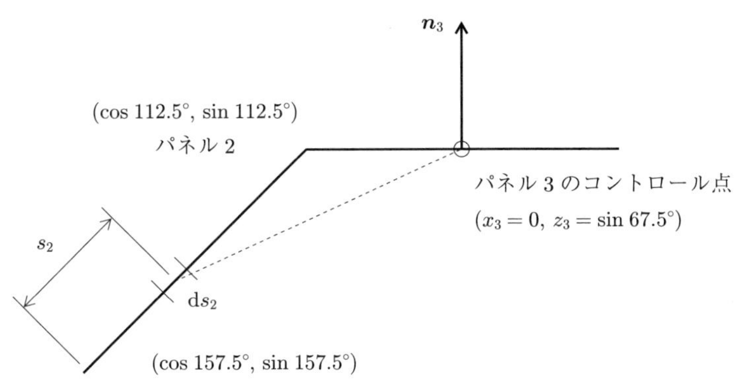

図 10.2.2 パネル 3 のコントロール点の速度に及ぼすパネル 2 の湧き出し分布の寄与

$$\frac{\partial}{\partial n_3}(\ln r_{32}) = \frac{1}{r_{32}}\frac{\partial r_{32}}{\partial n_3} = \frac{(x_3 - x_2)\frac{\partial x_3}{\partial n_3} + (z_3 - z_2)\frac{\partial z_3}{\partial n_3}}{(x_3 - x_2)^2 + (z_3 - z_2)^2} \tag{10.2.1}$$

ここで,

$$\frac{\partial r_{32}}{\partial n_3} = \frac{\partial r_{32}}{\partial x_3}\frac{\partial x_3}{\partial n_3} + \frac{\partial r_{32}}{\partial z_3}\frac{\partial z_3}{\partial n_3}$$

$$r_{32} = \sqrt{(x_3 - x_2)^2 + (z_3 - z_2)^2}$$

である.

いま, $x_3 = 0$, $z_3 = 0.92388$ はパネル 3 のコントロール点の座標である.

$$\frac{\partial x_3}{\partial n_3} = 0.00, \qquad \frac{\partial z_3}{\partial n_3} = 1.00$$

さらに, パネル 2 によって表現される湧き出しの線は,

$$x_2 = -\cos\frac{\pi}{8} + \cos\frac{\pi}{4}s_2 = -0.92388 + 0.70711s_2$$

$$z_2 = +\sin\frac{\pi}{8} + \sin\frac{\pi}{4}s_2 = +0.38268 + 0.70711s_2$$

で, パネルの長さは

$$l_2 = 2\sin\frac{\pi}{8} = 0.76533$$

となる．これらの式を組み合わせると，以下の式を得る．

$$(x_3 - x_2)\frac{\partial x_3}{\partial n_3} = 0$$

$$\begin{aligned}(z_3 - z_2)\frac{\partial z_3}{\partial n_3} &= (0.92388 - (+0.38268 + 0.70711 s_2)) \times 1 \\ &= 0.54120 - 0.70711 s_2\end{aligned}$$

であるので

$$\begin{aligned}I_{32} = 0.54120 &\int_0^{0.76533} \frac{\mathrm{d}s_2}{1.14645 - 2.07195 s_2 + 1.00002 s_2^2} \\ - 0.70711 &\int_0^{0.76533} \frac{s_2 \mathrm{d}s_2}{1.14645 - 2.07195 s_2 + 1.00002 s_2^2}\end{aligned}$$

ここで，

$$\int \frac{1}{(x-p)^2 + q^2}\mathrm{d}x = \frac{1}{q}\tan^{-1}\frac{x-p}{q} = \frac{1}{q}\tan^{-1}\frac{2(x-p)}{\sqrt{4q^2}}$$

$$\int \frac{2ax+b}{ax^2+bx+c}\mathrm{d}x = \int \frac{(ax^2+bx+c)'}{ax^2+bx+c}\mathrm{d}x = \ln(ax^2+bx+c)$$

であるので，

$$\begin{aligned}I_{32} = 0.54120 &\int_0^{0.76533} \frac{\mathrm{d}s_2}{1.14645 - 2.07195 s_2 + 1.00002 s_2^2} \\ - 0.70711 &\int_0^{0.76533} \frac{s_2 \mathrm{d}s_2}{1.14645 - 2.07195 s_2 + 1.00002 s_2^2} \\ = 0.54120 &\int_0^{0.76533} \frac{\mathrm{d}s_2}{\left(s_2 - \dfrac{2.07195}{2}\right)^2 + (0.27056)^2} \\ - 0.70711 \frac{1}{2} &\int_0^{0.76533} \frac{(2s_2 - 2.07195 + 2.07195)\mathrm{d}s_2}{1.14645 - 2.07195 s_2 + 1.00002 s_2^2}\end{aligned}$$

$$
\begin{aligned}
&= 0.54120 \int_0^{0.76533} \frac{\mathrm{d}s_2}{\left(s_2 - \dfrac{2.07195}{2}\right)^2 + (0.27056)^2} \\
&\quad - 0.73255 \int_0^{0.76533} \frac{\mathrm{d}s_2}{\left(s_2 - \dfrac{2.07195}{2}\right)^2 + (0.27056)^2} \\
&\quad - 0.70711 \frac{1}{2} \int_0^{0.76533} \frac{(2s_2 - 2.07195)\mathrm{d}s_2}{1.14645 - 2.07195 s_2 + 1.00002 s_2^2} \\
&= -0.19135 \int_0^{0.76533} \frac{\mathrm{d}s_2}{\left(s_2 - \dfrac{2.07195}{2}\right)^2 + (0.27056)^2} \\
&\quad - 0.70711 \int_0^{0.76533} \frac{1}{2} \frac{(2s_2 - 2.07195)\mathrm{d}s_2}{1.14645 - 2.07195 s_2 + 1.00002 s_2^2} \\
&= \frac{-0.19135}{0.27057} \left[\tan^{-1} \frac{2s_2 - 2.07195}{\sqrt{0.29283}}\right]_{s_2=0}^{s_2=0.76533} \\
&\quad - 0.70711 \left[\frac{1}{2} \ln(1.14645 - 2.07195 s_2 + 1.00002 s_2^2)\right]_{s_2=0}^{s_2=0.76533} \\
&= -0.70723 \left[\tan^{-1} \frac{2s_2 - 2.07195}{\sqrt{0.29283}}\right]_{s_2=0}^{s_2=0.76533} \\
&\quad - 0.70711 \left[\frac{1}{2} \ln(1.14645 - 2.07195 s_2 + 1.00002 s_2^2)\right]_{s_2=0}^{s_2=0.76533} \\
&= 0.3528
\end{aligned}
$$

となる．

同様の方法で，パネル3のコントロール点における垂直方向速度に対する湧き出しパネル1, 4, 5, 6, 7, 8の寄与を計算できる．これらの積分の値を式

(10.1.6) に代入すると，以下の線形方程式が得られる．

$$I_{31}k_1 + I_{32}k_2 + \pi k_3 + I_{34}k_4 + I_{35}k_5 + I_{36}k_6 + I_{37}k_7 + I_{38}k_8 = 0 \quad (10.2.2)$$

右辺は 0 である．なぜなら，$\alpha = 0, \delta_3 = 0$ であるからである．

8 つすべてのコントロール点について，この操作を実施すると，8 つの未知の湧き出し強さを含む 8 つの線形方程式を得ることができる．この連立方程式を解くと，以下の解を得る．

$$\frac{k_1}{2\pi U_\infty} = 0.3765$$
$$\frac{k_2}{2\pi U_\infty} = 0.2662$$
$$\frac{k_3}{2\pi U_\infty} = 0$$
$$\frac{k_4}{2\pi U_\infty} = -0.2662$$
$$\frac{k_5}{2\pi U_\infty} = -0.3765$$
$$\frac{k_6}{2\pi U_\infty} = -0.2662$$
$$\frac{k_7}{2\pi U_\infty} = 0$$
$$\frac{k_8}{2\pi U_\infty} = 0.2662$$

湧き出し分布は，期待されるように対称であることがわかる．また，

$$\sum k_i = 0 \quad (10.2.3)$$

である．なぜなら，湧き出し強さと吸い込み（負の湧き出し）の強さの和は，閉じた形態では，連続の式を満足するために，0 になるからである．

11

非圧縮性・軸対称流れ

11.1　非圧縮性・軸対称流れ

これまで，2 次元平面の非回転（渦なし）流れについて議論してきた．したがって，式 (9.1.1) から式 (9.5.8) によって記述される流れ場は，半径 R の円周りの流れを表している．これは 3 次元的に考えれば，紙面に垂直な軸をもつ円柱周りの流れ場を表しているといえる．この流れに対しては，$w \equiv 0$, $\partial/\partial z \equiv 0$ である．

ここでは，ほかの形の 2 次元の流れ，すなわち，軸対称流れを考える．座標系は図 11.1.1 に示すとおりである．軸対称流れにおいて，円周方向に速度などは変化しない．すなわち，

$$v_\theta \equiv 0 \quad \text{かつ} \quad \frac{\partial}{\partial \theta} \equiv 0$$

したがって，非圧縮性流れの連続の式は以下のとおりとなる．

$$\begin{aligned}(\nabla \cdot v) &= \frac{1}{r}\frac{\partial r v_r}{\partial r} + \frac{1}{r}\frac{\partial v_\theta}{\partial \theta} + \frac{\partial v_z}{\partial z} \\ &= \frac{\partial v_r}{\partial r} + \frac{v_r}{r} + \frac{\partial v_z}{\partial z} \\ &= 0\end{aligned}$$

r と z は独立した座標であるので，この式を書き換えると，

$$\frac{\partial (r v_r)}{\partial r} + \frac{\partial (r v_z)}{\partial z} = 0 \tag{11.1.1}$$

となる．前に議論したように，流れ関数は 2 次元の非圧縮性流れに対して存

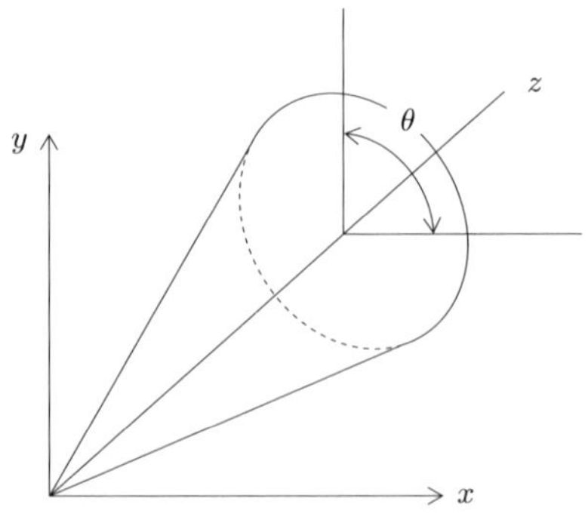

図 11.1.1 軸対称流れの座標系

在する．2 次元流れの運動を記述するためには 2 つの独立した座標が必要であるということである．式 (11.1.1) を満足する流れ関数は，

$$\frac{\partial \psi}{\partial z} = r v_r \quad \text{かつ} \quad \frac{\partial \psi}{\partial r} = -r v_z$$

である．したがって，図 11.1.1 の座標系では，

$$v_r = \frac{1}{r}\frac{\partial \psi}{\partial z} \quad \text{かつ} \quad v_z = -\frac{1}{r}\frac{\partial \psi}{\partial r} \tag{11.1.2}$$

となる．

11.2 球周りの流れ

球周りの定常・非粘性・非圧縮性流れを記述するために，一様流と 2 重湧き出しに対して軸対称のポテンシャル関数を加える．まず，球座標 (r, θ, ω) における関係式を導出する．球座標系で，非回転流れは，

$$v_r = \frac{\partial \phi}{\partial r}, \qquad v_\omega = \frac{1}{r}\frac{\partial \phi}{\partial \omega}, \qquad v_\theta = \frac{1}{r\sin\omega}\frac{\partial \phi}{\partial \theta} \tag{11.2.1}$$

と書ける．すなわち，$\vec{V} = \nabla\phi$ である．式 (11.2.1) において，ϕ はポテンシャル関数（速度ポテンシャル）を表し，r，θ，ω は独立した座標を表す．軸対称であるので，

$$v_\theta = 0 \quad かつ \quad \frac{\partial}{\partial \theta} = 0$$

である．

軸対称 2 重湧き出しに対する速度ポテンシャルは，

$$\phi = \frac{B}{4\pi r^2}\cos\omega$$

である．ここで，2 重湧き出しは，指向性があるので，湧き出しは上流方向を向いていることになる．一様流に対するポテンシャル関数は，

$$\phi = U_\infty r \cos\omega$$

である．したがって，ポテンシャル関数の和は，

$$\phi = U_\infty r \cos\omega + \frac{B}{4\pi r^2}\cos\omega \tag{11.2.2}$$

となる．

このポテンシャル関数に対する速度成分は，次式で与えられる．

$$v_r = \frac{\partial \phi}{\partial r} = U_\infty \cos\omega - \frac{B}{2\pi r^3}\cos\omega \tag{11.2.3a}$$

$$v_\omega = \frac{1}{r}\frac{\partial \phi}{\partial \omega} = -U_\infty \sin\omega - \frac{B}{4\pi r^2}\sin\omega \tag{11.2.3b}$$

円柱周りの非粘性流れをモデル化したときと同様に，$v_r = 0$ の条件を求めよう．

$$v_r = U_\infty \cos\omega - \frac{B}{2\pi r^3}\cos\omega = 0$$

より，

$$r^3 = \frac{B}{2\pi U_\infty} = \text{const.} = R^3$$

となる．

したがって，$B = 2\pi U_\infty R^3$ ならば，半径 R の球周りの定常・非粘性・非圧縮性流れを記述するために式 (11.2.2) のポテンシャル関数を使うことができる．この流れに対して，

$$v_r = U_\infty \left(1 - \frac{R^3}{r^3}\right) \cos\omega \tag{11.2.4a}$$

$$v_\omega = -U_\infty \left(1 + \frac{R^3}{2r^3}\right) \sin\omega \tag{11.2.4b}$$

となる．

球の表面（$r = R$）では，速度は以下のようになることもわかる．

$$U = v_\omega = -\frac{3}{2} U_\infty \sin\omega \tag{11.2.5}$$

球表面に作用する静圧は，ベルヌーイの式中の局所速度を式 (11.2.5) で表すことで，計算できる．結果は以下のとおりである．

$$p = p_\infty + \frac{1}{2}\rho_\infty U_\infty^2 - \frac{1}{2}\rho_\infty U_\infty^2 \left(\frac{9}{4}\sin^2\omega\right) \tag{11.2.6}$$

したがって，定常・非粘性・非圧縮性流れの圧力係数は以下の式で与えられる．

$$C_p = 1 - \frac{9}{4}\sin^2\omega \tag{11.2.7}$$

この式と式 (9.2.2) を比較しよう．式 (9.2.2) は

$$C_p = 1 - 4\sin^2\theta$$

であり，この式は主流に垂直な軸をもつ，無限に長い円柱周りの流れに対するものである．θ と ω の両者は軸に対する角度を表す．前者は 2 次元流れ，後者は軸対称流れである．断面形状は同じ円であり，両者とも 2 つの座標で表すことができるが，流れは基本的に異なることがわかる．

球に対する実際の抵抗係数は，図 11.2.1 に示すように，レイノルズ数の関数として表される．ここで，球の抵抗係数は以下の式で定義されている．

$$C_D = \frac{D}{\frac{1}{2}\rho_\infty U_\infty^2 (\pi d^2/4)} \tag{11.2.8}$$

ここで D は抗力である．図からわかるように，球の抵抗係数のレイノルズ数依存性は円柱の場合とよく似ている．抗力の急激な減少は，臨界レイノルズ数を超えると生じ，上流側の境界層は乱流となる．これは，円柱の場合と同様である．

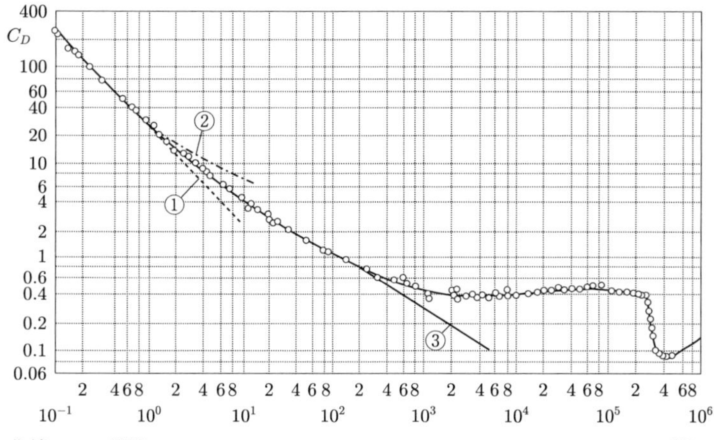

曲線 1：　理論，G.G.Stokes (1856), $C_D = 24/\mathrm{Re}$　　$Re = \frac{Vd}{v}$

曲線 2：　理論，C.W.Oseen (1911), $C_D = 24/\mathrm{Re}[1 + 3\mathrm{Re}/16]$

M.Van Dyke (1964b) によって高レイノルズ数に拡張

曲線 3：　数値計算結果，B.Fornberg (1988)

図 11.2.1　球の抵抗係数

(Schlichting, H. and Gersten, K.: Boundary Layer Theory, 8th Revised and Enlarged Edition, Springer, 1999, p.24.)

おわりに

空気力学が対象とするほとんどの流れ場において，粘性係数と速度勾配の積が十分小さい領域が存在し，解析においては，剪断応力項を無視できる場合が多い．これらの非粘性流れの運動量方程式は，オイラー方程式として知られている．ケルビンの定理から，粘性力が存在せず，流体は一様で，物体力が保存される場合，非回転流れを維持することがわかる．ポテンシャル関数（速度ポテンシャル）がそのような流れに対して使用でき，速度場を記述できる．さらに，流れが非圧縮（遅い流れ）と仮定できる場合には，複雑な形状に対する速度場を得るために，ポテンシャル関数（速度ポテンシャル）を線形的にたし合わすことができ，圧力場の決定にベルヌーイの式を使用することができる．このように，第 II 部で議論し得られた非粘性流れ場の解は，物体表面の薄い粘性層（境界層）の外側の境界条件となりえるため，実用上も利用価値がある．

第 III 部

翼理論

第Ｉ部と第Ⅱ部では航空力学の基盤となる空気力学の基礎理論について概観した．第Ⅲ部ではこれらの知識を前提として翼の空気力学的な性質を理論解析する方法について述べる．

世界最大の旅客機エアバス380は最大離陸重量が約560 t，主翼面積は845 m^2 なので，翼は1 m^2 当たり660 kgもの重量を支えていることになる．ヘリウム飛行船の浮力は1 m^3 当たりたかだか1 kg程度であるから，翼はきわめて効率的に揚力を発生する装置だということがわかる．翼がこのように大きな揚力をなぜ発生できるのか，空気抵抗を減らすにはどうすればよいのか，翼の形は何で決まるのか，などの疑問に答えるのが第Ⅲ部の目的である．

第Ⅲ部では，第Ⅱ部で論じられた非粘性・非圧縮性流体力学（ポテンシャル理論）にもとづく翼理論を展開する．特に力点をおくのは翼の周りの流れ場のモデル化である．流れ場の物理モデルをイメージすることで，翼の空気力を発生するメカニズムの本質が掴めるはずである．より詳しい理論や応用例を知りたい場合は「おわりに」で紹介する文献を参考にして欲しい．

12

序　論

12.1　空気力の発生

第 I 部の序論で述べられているように，航空機には飛行方向と反対方向に抗力（抵抗，drag），飛行方向に対して直角上向きに揚力（lift）が働く．揚力が機体の自重と釣り合うことによって航空機は大気中に浮かんでいられる．この揚力の大部分を生み出しているのが翼であり，抗力についても全体のかなりの部分が翼によって生み出されている．

ここでは，航空機の翼を図 12.1.1 に示すように切り出して考える．航空機が一定速度で飛行する場合，翼には飛行速度と同じ速度の気流が迎え角 α（angle of attack）で当たる．このときに生じる揚力と抗力の比 L/D は揚抗比（lift to drag ratio）とよばれ，航空機の空力効率を表す重要なパラメーターである．例えばジェット機が同じ燃料で飛行できる時間は L/D の値に比例する．一般の旅客機の L/D は 20 近い値，つまり，1 t の推力で前に引っ張ると，20 t の物が持ち上がる．航空機の空力設計の第 1 の目的は揚力が大きく抗力の小さな翼形状を設計することである．このために空気力学の専門知識が必要とされる．

空気力は，物体の表面に働く圧力 p および表面摩擦応力 τ を通じて物体に伝達される（図 12.1.2）．圧力は，物体の表面に働く応力の垂直方向の成分，表面摩擦応力は接線方向の成分である．流れ場がどのように変化しても，また物体の幾何形状がいかに複雑であっても，空気の流れが発生する力はこの 2 つの応力を通じて物体に作用する．

翼理論の目的は，流体力学の基礎知識を利用して，物体表面における応力

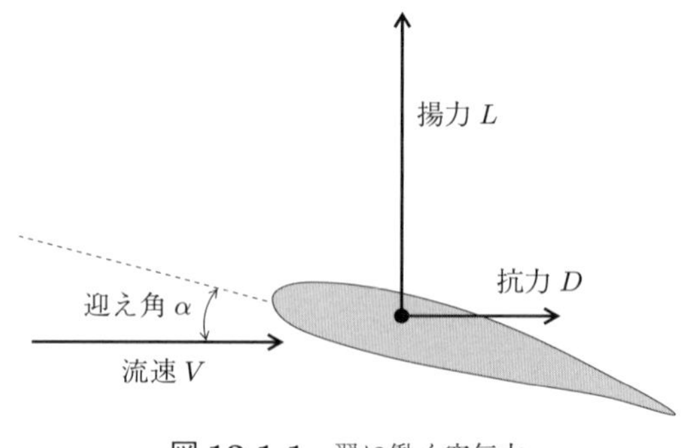

図 12.1.1　翼に働く空気力

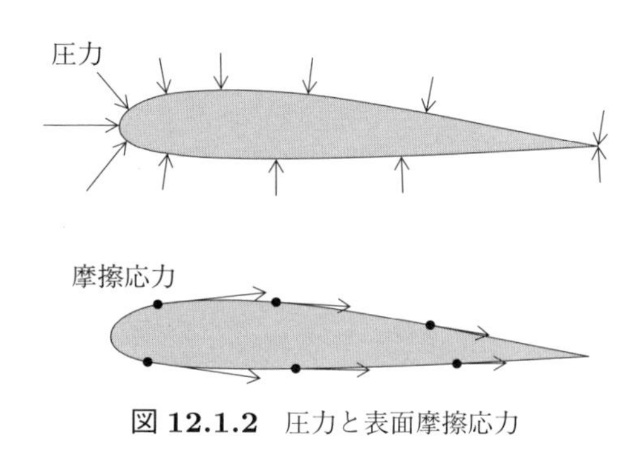

図 12.1.2　圧力と表面摩擦応力

(p と τ) の分布から翼にかかる空気力を求めることである.

12.2 標準大気

地球を取り巻く大気圏はいくつかの層からなり，地上に近い方から，**対流圏** (troposphere，高度 0–10 km)，**成層圏** (stratosphere，高度 10–50 km)，**中間圏** (mesosphere，高度 50–80 km)，**熱圏** (thermosphere，高度 100–200 km)，**外気圏** (exosphere，高度 200 km 以上) と名付けられている.

このうち，航空機が飛行するのは対流圏と成層圏であり，一般のジェット旅客機は**圏界面**（tropopause）とよばれる対流圏と成層圏の境界付近の高度約 11 km を飛行する．超音速旅客機の飛行高度はこれより高く，高度 20 km の成層圏である．**オゾン層**（ozone layer）はちょうどこの付近の高度に存在している．

大気を構成するのは空気であり，主に窒素と酸素の混合気体である．その成分はかなりの高度まで均一と考えることができる．航空機が飛行する高度では空気を理想気体とみなせ，その熱力学特性は以下の状態方程式［第 I 部の式 (3.2.1)］で表される．

$$p = \rho RT \tag{12.2.1}$$

ここで，R は気体定数で空気の場合 287 [J/(kg · K)] である．

地球大気の状態は緯度，経度，高度，季節，時間などで変化する．これでは航空機の性能を議論するときに不便なので，世界共通の**標準大気**（standard atmosphere）というものを定めて利用している．

標準大気の基本は，高度 h [m] に対する気温 T [K] の変化である．図 12.2.1 に標準大気表による高度と気温の関係をグラフに示す．これは**観測気球**（ラジオゾンデ）や**観測ロケット**による観測値を統計的に処理したものであり，数式で表すと以下のようになる．

対流圏　：$T = 288.15 - 0.0065h \quad (h \leq 11,000\,\mathrm{m})$ (12.2.2)

成層圏（下層）：$T = 216.65 \quad (11,000m \leq h \leq 25,000\,\mathrm{m})$ (12.2.3)

成層圏（上層）：$T = 216.65 + 0.003(h - 25000) \quad (h \geq 25,000\,\mathrm{m})$ (12.2.4)

対流圏の気温が高度により減少するのは，太陽エネルギーの吸収により温められた地表面から遠ざかるためである．この温度勾配によって上下方向の循環つまり対流が起こる．成層圏では，紫外線などの太陽光を空気分子が吸収し発熱する効果と地表面の影響が均衡するため，温度がほぼ一定に保たれる．成層圏に対流はなく，大気状態は安定している．

こうして高度と温度の関係式が与えられれば，その他の状態量や物性値は理論的に求めることができる．

圧力（気圧）は静止した大気に働く静水圧的な力の釣合いから求められる．

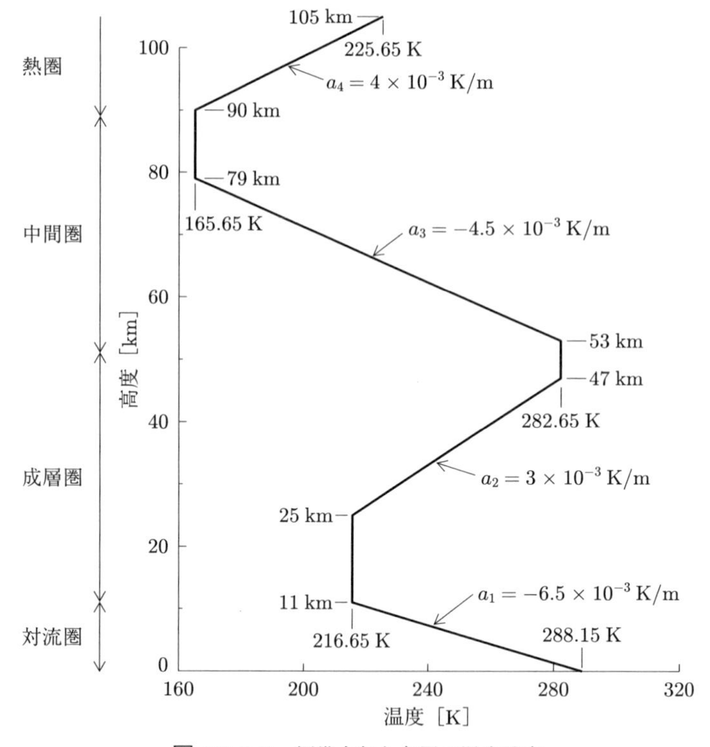

図 12.2.1　標準大気と各層の温度分布

図 12.2.2 に示すように静止大気中の微小体積を切り出すと，上下面に働く圧力と重力の釣合いから，

$$p = p + \mathrm{d}p + \rho \mathrm{d}h \cdot g$$

$$\mathrm{d}p = -\rho g \cdot \mathrm{d}h \qquad (12.2.5)$$

という静水圧の関係式が得られる．ここで g は重力加速度である．一般に g の値は高度により変化するが，ここでは，航空学における慣習に従い，g が海面上での重力加速度の値に等しく（$= 9.80665$ [m/s^2]）一定だと仮定する．他の定義と区別するため，この仮想的な高度を**ジオポテンシャル高度**（geopotential altitude）とよんでいる．高度 11km における幾何学的高度とジオポテ

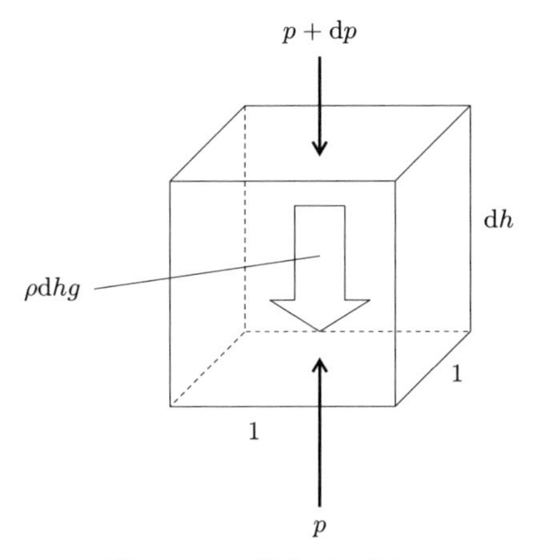

図 **12.2.2** 静水圧の釣合い

ンシャル高度の差は 0.17 % 程度であり，その影響は無視して考えることができる．式 (12.2.1) を式 (12.2.5) に代入し密度を消去すると，

$$\frac{\mathrm{d}p}{p} = -\frac{g}{R}\frac{\mathrm{d}h}{T} \tag{12.2.6}$$

という関係式が得られる．一方，式 (12.2.2)-(12.2.4) より気温 T が高度 h の関数として与えられているので，式 (12.2.6) を積分すれば圧力が求まる．

具体的には，$T = T_\mathrm{b} + \alpha(h - h_\mathrm{b})$ のとき，

$$\frac{p}{p_\mathrm{b}} = \left(\frac{T}{T_\mathrm{b}}\right)^{-\frac{g}{R\alpha}} = \left[\frac{T_\mathrm{b} + \alpha(h - h_\mathrm{b})}{T_\mathrm{b}}\right]^{-\frac{g}{R\alpha}} \tag{12.2.7}$$

$T = T_\mathrm{b}$ のとき

$$\frac{p}{p_\mathrm{b}} = \exp\left[\frac{-g(h - h_\mathrm{b})}{RT_\mathrm{b}}\right] \tag{12.2.8}$$

と表せる．添字 b は各領域の最下層の値であることを示している．

大気の密度は状態方程式 (12.2.1) より，

$$\rho = p/RT \tag{12.2.9}$$

で与えられる．動圧 q は航空機の飛行速度を U として，

$$q = \frac{1}{2}\rho U^2 \tag{12.2.10}$$

となる．音速 a は等エントロピーの関係式より，

$$a = \sqrt{\gamma RT} \tag{12.2.11}$$

で与えられる．ここで γ は比熱比で，空気の場合 1.4 である．これより，マッハ数 M が求まる．

$$M = \frac{U}{a} \tag{12.2.12}$$

粘性係数 μ は以下の**サザーランド**（Sutherland）**の公式**より求められる．

$$\frac{\mu}{\mu_0} = \left(\frac{T}{T_0}\right)^{\frac{3}{2}} \frac{T_0 + C}{T + C} \tag{12.2.13}$$

式中の係数は空気の場合，$\mu_0 = 1.827 \times 10^{-5}$ [kg/(m · s)], $T_0 = 291.15$ [K], $C = 120$ [K] である．これより，レイノルズ数 Re が計算できる．

$$Re = \frac{\rho UL}{\mu} \tag{12.2.14}$$

ここで，L は物体の代表長さである．

これらの諸量の相互関係を図 12.2.3 にまとめる．航空機の飛行速度は，機首付近につけられたピトー管（総圧）と機種側面に設けられた**静圧孔**（static port）を用いて計測することができる（第 I 部第 3 章参照）．同様に，総温は TAT センサで姿勢角は α ベーンで計測できる．これらの計測値は**エアデータ**（air data）とよばれていて，これら 4 つのデータから，速度，動圧，マッハ数，レイノルズ数など，空気力学で重要となる物理量やパラメーターがすべて求められる．

〈参考〉航空工学と単位

(a) 圧力（pressure）

SI Unit: Pa($=$ N/m^2)，English Unit: lbf/ft^2, psi($=$ lbf/in^2)，慣用: atm

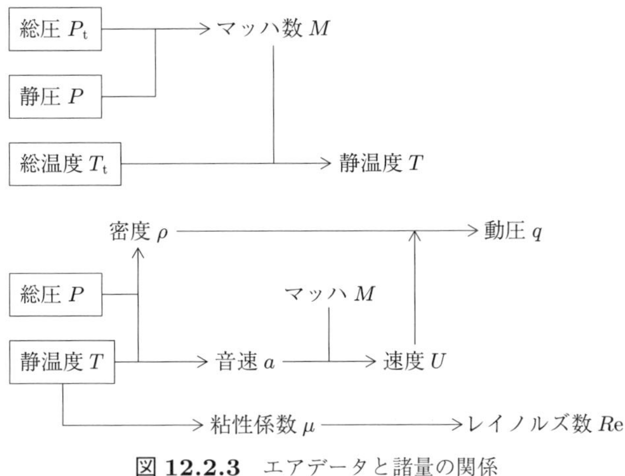

図 12.2.3　エアデータと諸量の関係

（= 気圧）．標準大気の圧力（海面上）$= 1.01325 \times 10^5$ N/m^2(= 1 atm)

(b) 密度（density）

SI Unit: kg/m^3, English Unit: slug/ft^3, lbm/fts^3（ここで 1 slug = 14.59 kg）標準大気の密度（海面上）= 1.225 kg/m^3

(c) 温度（temperature）

SI Unit: Kelvin(K), Celsius(°C), English Unit: Rankine(°R), Farrenheit (°F), [°F] = (9/5) [°C] + 32, [°R] = 459.67 + [°F]

標準大気の温度（海面上）= 288.15 [K](= 15°C)

(d) 飛行速度もしくは流速（flow velocity）

SI Unit: m/sec, English Unit: ft/sec, mile/h, 慣用：km/h, knot

12.3　相似則と空力係数

前節で，航空機が飛行する大気（空気）の物性値と物理パラメーターを求めた．本節では，これらの物理量と空気力の間で成り立つ関係式を導出する．

図 12.3.1 に示すように，静止した大気中を航空機が一定速度で飛行する場合を考える．これは，静止した航空機に一様な風が当たる風洞実験と等価な状

態である．ここでは，空気を圧縮性の粘性流体と仮定する．

航空機の幾何形状と迎え角 α が与えられているとし，航空機に働く空気力（揚力と抗力）に影響を及ぼしうるすべての物理量をリストアップする．

(a) U_∞（一様流速（= 飛行速度））

(b) ρ_∞（密度）

(c) S（翼面積）

(d) μ_∞（粘性係数）

(e) a_∞（音速）

ここで，添字の ∞ は一様流の値であることを示している．μ_∞ は粘性の影響，a_∞ は圧縮性の影響を表す物理量を代表している．

航空機に働く空気力はこれら 5 つの物理量の関数として，

$$F = f(U_\infty, \rho_\infty, S, \mu_\infty, a_\infty) \tag{12.3.1}$$

と表現できる．ここでは，簡単化のためにこの関数がそれぞれの変数のべき乗の積で表されると仮定する．

$$F \propto U_\infty^a \rho_\infty^b S^c a_\infty^d \mu_\infty^e \tag{12.3.2}$$

表 12.3.1 を参考にして式 (12.3.2) に含まれる物理量の次元（単位）を長さ [L]，質量 [M]，時間 [T] の 3 つの基本次元量で表すと，式 (12.3.2) の両辺の次元は以下のようになる．

$$\text{左辺}：MLT^{-2}$$

$$\text{右辺}：(LT^{-1})^a(ML^{-3})^b(L^2)^c(LT^{-1})^d(ML^{-1}T^{-1})^e$$

次元は両辺で一致しなければならないので，これらを等値すると，

$$[\mathrm{L}]：1 = a - 3b + 2c + d - e$$

$$[\mathrm{M}]：1 = b + e$$

$$[\mathrm{T}]：-2 = -a - d - e$$

となる．これより係数 a, b, c は，d, e をパラメーターとして以下のように表せる．

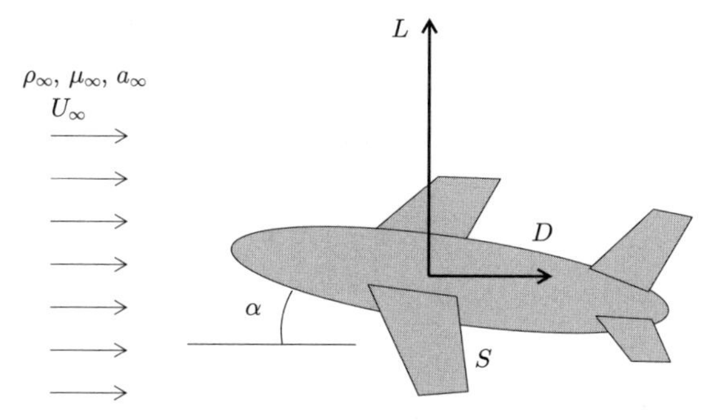

図 12.3.1 空気力に関係する物理量

表 12.3.1 物理量の次元

基本物理量	長さ [L]	質量 [M]	時間 [T]	SI 単位
速度	1	0	−1	m/s
密度	−3	1	0	kg/m^3
面積	2	0	0	m^2
粘性係数	1	−1	−1	Pa · s
音速	1	0	−1	m/s
力	1	1	−2	N

$$a = 2 - d - e$$

$$b = 1 - e$$

$$c = 1 - e/2$$

これらを元の式に代入すると，

$$F \propto (U_\infty)^{2-d-e}(\rho_\infty)^{1-e}S^{1-e/2}a_\infty^d \mu_\infty^e \tag{12.3.3}$$

となる．式 (12.3.3) に含まれる変数を係数ごとに整理し直すと，以下の無次

図 12.3.2　STOL 実験機「飛鳥」の実機と風洞模型

元関係式が得られる．

$$\frac{F}{\dfrac{1}{2}\rho_\infty U_\infty^2 \times S} \propto \left(\frac{U_\infty}{a_\infty}\right)^{-d} \times \left(\frac{\rho_\infty U_\infty S^{0.5}}{\mu_\infty}\right)^{-e} \tag{12.3.4}$$

この式の右辺の 2 つの項は，それぞれマッハ数，レイノルズ数（S の平方根を長さの代表値とする）を表している．一方，左辺は空気力を動圧 q_∞ と翼面積 S の積で割った無次元の係数である．つまり，式 (12.3.4) は無次元化された空気力が Re と M のみの関数として表せることを示している．同じ結論は，バッキンガムの Π 定理やナビエ・ストークス方程式の無次元化などのより厳密な方法からも導かれる．

これより，揚力係数 C_L と抗力係数（抵抗係数）C_D を，マッハ数とレイノルズ数と迎え角（姿勢角）で決まる無次元変数の関数として定義することができる．

$$\text{揚力係数：} C_\mathrm{L} \equiv \frac{L}{q_\infty S} = C_\mathrm{L}(M_\infty, Re_\infty; \alpha) \tag{12.3.5}$$

$$\text{抗力係数：} C_\mathrm{D} \equiv \frac{D}{q_\infty S} = C_\mathrm{D}(M_\infty, Re_\infty; \alpha) \tag{12.3.6}$$

つまり，航空機がある密度（ある高度）の大気中をある速度で飛行するときの空気力を求めるには，空気力を動圧と翼面積で除した無次元の係数を，マッハ数とレイノルズ数と迎え角の関数として表せばよいことがわかる．

与えられた Re と M と α に対して，風洞実験や数値シミュレーション（CFD）により，式 (12.3.5) や式 (12.3.6) の無次元空力係数が求められれば，実機の飛行状態における空気力を推算することができる．これを**相似則**（similarity rule）または**スケーリング則**（scaling rule）とよんでいる．相似則は実機の状態と予測値の対応をとるための基本となる法則である．風洞実験では，実機の幾何形状を正確に縮尺した模型が使用される（図 12.3.2）．しかし，幾何学的相似を満たすだけでは不十分であり，実際の流れを完全に模擬するにはマッハ数とレイノルズ数を実機に一致させた実験が不可欠となる．

13

翼型の空気力学

航空機の翼は幾何学的には 3 次元形状の物体である．3 次元の翼からある断面を切り出したものを，**2 次元翼**もしくは**翼型**（airfoil）とよんでいる．翼型は断面が同じで無限の幅をもつ翼とみなすことができ，これとの対比で 3 次元翼を**有限翼**（finite wing）とよんでいる．翼型はあくまで仮想的な概念であるが，翼型周りの流れを調べることで，翼の空気力学的な特性が理解しやすくなる．本章では，3 次元翼を論じる前段階として，翼型の空気力学について述べる．

13.1　翼型の形状

工学のどの分野においても，ものの名称を覚えることが学習の基本姿勢である．翼型の各部の名称を図 13.1.1 に示す．まず，翼型の前方端を**前縁**（leading edge），後方端を**後縁**（trailing edge）とよんでいる．それらを直線で結んだものが**翼弦**（chord）であり，翼型の迎え角を決める基準となる．翼弦の長さは**翼弦長**（chord length）とよばれ，記号 c で表される．翼型の前縁は一般に丸くなっており，後縁は鋭角に尖っている．前縁の丸みは内接円の半径である**前縁半径** $r_{\mathrm{L/E}}$ で表される．

翼型形状は翼弦を境にして上面と下面に分けられる．上下面の中点を結んだ線は**平均キャンバーライン**（mean camber line）もしくは**平均矢高線**とよばれており，翼型の反り具合を表している．反りの程度の最大値を**最大キャンバー**（maximum camber）もしくは**最大矢高**とよび，翼弦長に対する％で表す．上下対称の翼型のキャンバーは 0 である．翼弦とか矢高などの呼称は，翼型を弓に例えて付けられた名称である．

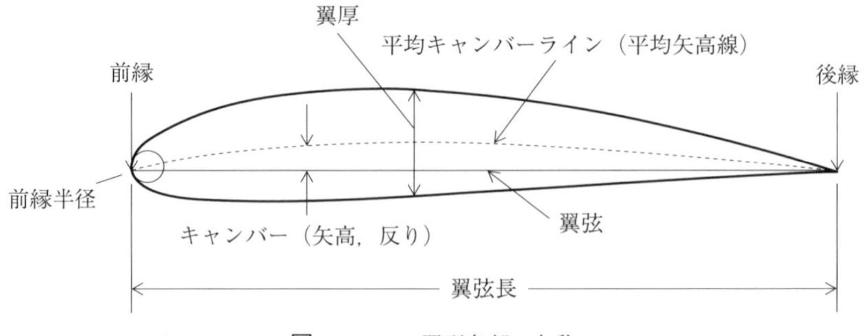

図 **13.1.1**　翼型各部の名称

翼型の厚みは**翼厚**（thickness）とよばれ，記号 t で表される．平均キャンバーラインを中心として上下に厚みを加えることで翼の上下面を表現する．上方に $t/2$ を加えることで上面の，下方に $t/2$ を加えることで下面の座標が与えられる．厚みの効果はその最大値を翼弦長で割った値，**最大厚み比**（maximum thickness ratio）$t_{\max}/c$ で表す．最大厚み比は翼型の性質を決める重要な形状パラメーターである．

13.2　翼型に働く空気力

図 13.2.1 に翼型に作用する空気力とモーメントを示す．先に述べたように，迎え角 α は翼弦が一様流となす角度として定義される．翼に働く空気力は翼表面における圧力（垂直応力）と摩擦応力（接線応力）の積分値として与えられる．

ここで，翼型表面に沿った積分経路を考え（図 13.2.2），単位法線ベクトルを $\vec{n} = (n_x, n_y)$，単位接線ベクトルを $\vec{t} = (n_y, -n_x)$ とすると，表面に働く圧力と摩擦応力によって生じる空気力は

$$\vec{F} = \oint (-p\vec{n} + \tau\vec{t})\mathrm{d}s \tag{13.2.1}$$

で与えられる．積分経路は時計回りを正とする．この力のうち翼弦に垂直な成分を**垂直力**（normal force，N），翼弦に水平な成分を**軸力**（axial force，A）

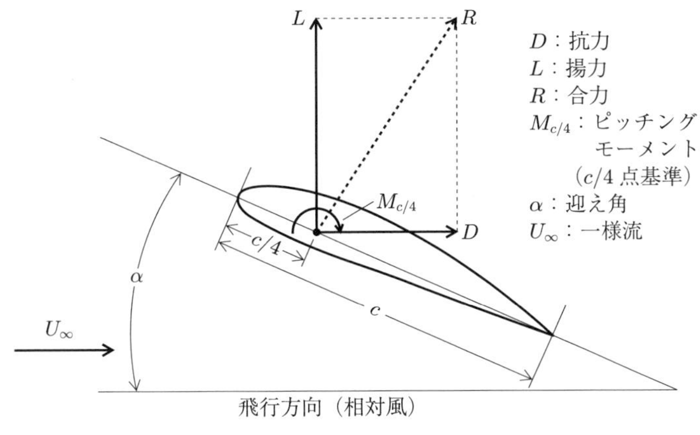

図 13.2.1　空気力の定義

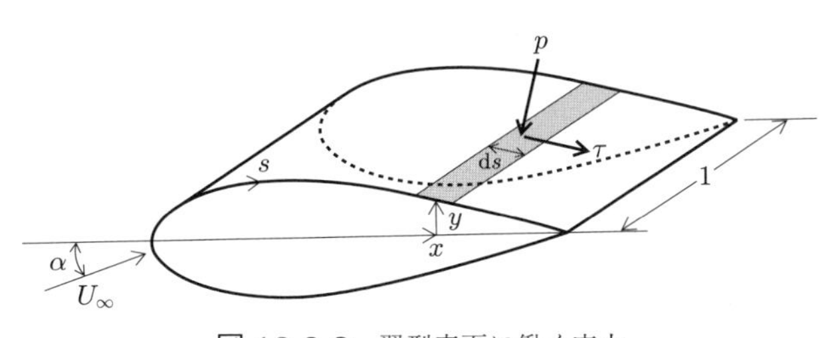

図 13.2.2　翼型表面に働く応力

とよぶ.

上面と下面をそれぞれ添え字 u, l で表現し，式 (13.2.1) を各成分に分解すると，

$$N = \oint (-pn_y - \tau n_x)\mathrm{d}s = \int_0^c (p_l - p_u)\mathrm{d}x + \int_0^c \left(\tau_u \frac{\mathrm{d}y_u}{\mathrm{d}x} + \tau_l \frac{\mathrm{d}y_l}{\mathrm{d}x}\right)\mathrm{d}x \tag{13.2.2}$$

$$A = \oint (-pn_x + \tau n_y)\mathrm{d}s = \int_0^c \left(p_u \frac{\mathrm{d}y_u}{\mathrm{d}x} - p_l \frac{\mathrm{d}y_l}{\mathrm{d}x}\right)\mathrm{d}x + \int_0^c (\tau_u + \tau_l)\mathrm{d}x \tag{13.2.3}$$

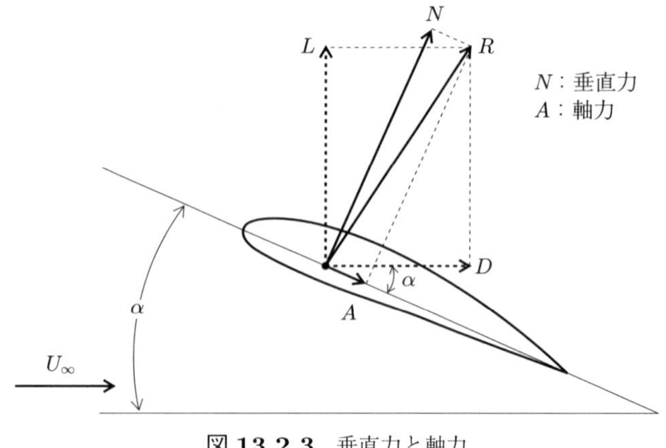

図 13.2.3　垂直力と軸力

となる．ここでは c は翼弦長である．

垂直力と軸力は，迎え角を介して揚力と抗力に変換できる（図 13.2.3）．

$$L = N\cos\alpha - A\sin\alpha \tag{13.2.4}$$

$$D = N\sin\alpha + A\cos\alpha \tag{13.2.5}$$

翼型には，上面と下面に働く空気力の作用点の違いにより，回転しようとするモーメント（**ピッチング・モーメント**，pitching moment）が作用する．モーメントの値は基準とする点によって異なり，基準点としては前縁 (0,0) や 4 分の 1 翼弦長 (c/4,0) が使われる．

前縁周りのモーメント M（頭上げを正とする）は，物体表面の圧力と摩擦応力を用いて，

$$\begin{aligned} M = &\int_0^c (p_u - p_l)x\mathrm{d}x + \int_0^c \left(\tau_u \frac{\mathrm{d}y_u}{\mathrm{d}x} + \tau_l \frac{\mathrm{d}y_l}{\mathrm{d}x}\right)x\mathrm{d}x \\ &+ \int_0^c \left(p_u \frac{\mathrm{d}y_u}{\mathrm{d}x} + \tau_u\right)y_u\mathrm{d}x + \int_0^c \left(-p_l \frac{\mathrm{d}y_l}{\mathrm{d}x} + \tau_l\right)y_l\mathrm{d}x \end{aligned} \tag{13.2.6}$$

と表せる．

ここで，**空力中心**（aerodynamic center）とよばれる重要な概念を導入しておこう．空力中心は，その点周りのモーメントが α に対して変化しない点として定義されている．

$$M_{\mathrm{ac}} = \mathrm{const.} \tag{13.2.7}$$

空力中心周りのモーメントは迎え角に対しては定数として扱えるので，航空機の設計を論じる際，モーメントの取扱いが非常に簡単になる．後で述べるように，翼型の空力中心は $x = c/4$ の近傍にあり，キャンバーをもたない対称翼の空力中心は $c/4$ 点に一致する．

空力中心と混同しやすい概念に**圧力中心**（**風圧中心**，pressure center）がある．圧力中心はその点周りのモーメントが 0 になる点として定義される．一見便利なように思えるが，圧力中心は迎え角 α とともに移動するため取扱いが難しく，航空機の空力設計にはあまり用いられない．

相似則（1.3 節）に従って，翼型に働く空気力やモーメントを無次元の係数で表現する．航空機全体の空力係数と区別するため，翼型の空力係数を断面空力係数（section aerodynamic coefficient）とよんでいる．揚力，抗力およびピッチングモーメントの単位幅当たりの値を考えると，翼面積は翼弦長 c と 1（単位幅）の積となるので，断面空力係数は以下のように表される．

断面揚力係数：

$$C_l = \frac{L}{q_\infty c} = C_l(M_\infty, Re_\infty; \alpha) \tag{13.2.8}$$

断面抗力係数：

$$C_d = \frac{D}{q_\infty c} = C_d(M_\infty, Re_\infty; \alpha) \tag{13.2.9}$$

断面ピッチングモーメント係数：

$$C_m = \frac{M}{q_\infty c^2} = C_m(M_\infty, Re_\infty; \alpha) \tag{13.2.10}$$

2 次元翼の値であることを示すため，慣習に従い，ここでは添字を小文字に置き換えている．

圧力や摩擦応力も無次元形式で表現しておくと便利である．圧力係数 C_p は

p_∞ と q_∞ を一様流の静圧と動圧として，以下の式で定義される（第II部 7.2.2 項参照）．

$$C_p \equiv \frac{p - p_\infty}{\frac{1}{2}\rho_\infty U_\infty^2} = \frac{p - p_\infty}{q_\infty} \tag{13.2.11}$$

同様に，局所摩擦係数は以下の式で定義される（第I部の式 (4.2.7) と同じ）．

$$c_\tau \equiv \frac{\tau}{q_\infty} \tag{13.2.12}$$

13.3　代表的な翼型の特性

翼理論の説明を始める前に代表的な翼型の風洞実験データを紹介しておこう．ここでは，飛行速度が低速，つまりマッハ数の影響が無視できる場合のデータに限定する．図 13.3.1 と図 13.3.2 において，左側のグラフは C_l と $C_{m,c/4}$ を迎え角 α に対してプロットしたもの，右側のグラフは C_d と $C_{m,ac}$ を C_l に対してプロットしたものである．図には，異なるレイノルズ数に対する実験データが重ねて表示されている．「粗さ付き」というラベルが付けられたデータは，翼型表面に粗さをつけた場合のデータで，それ以外は滑らかな表面の場合のデータである．

NACA0012 翼型（図 13.3.1）：

この翼型は NACA–4 桁翼型（付録参照）を代表する翼型の 1 つである．名称コードの「00」はキャンバーが 0 の翼型すなわち対称翼であることを，「12」は最大厚み比が 12 % であることを表している．最大厚み比は x/c =30 % に位置している．

NACA64–212 翼型（図 13.3.2）：

この翼型は NACA–6 系列翼型（付録参照）を代表する翼型で，**層流翼型**（laminar airfoil）とよばれる翼型の一種である．名称コードの後ろの「12」は最大厚み比が 12 % であることを表している．NACA0012 と比較して最大厚み位置が後退していて，その分前縁部がとがっている．キャンバー線は上向きに反っている．

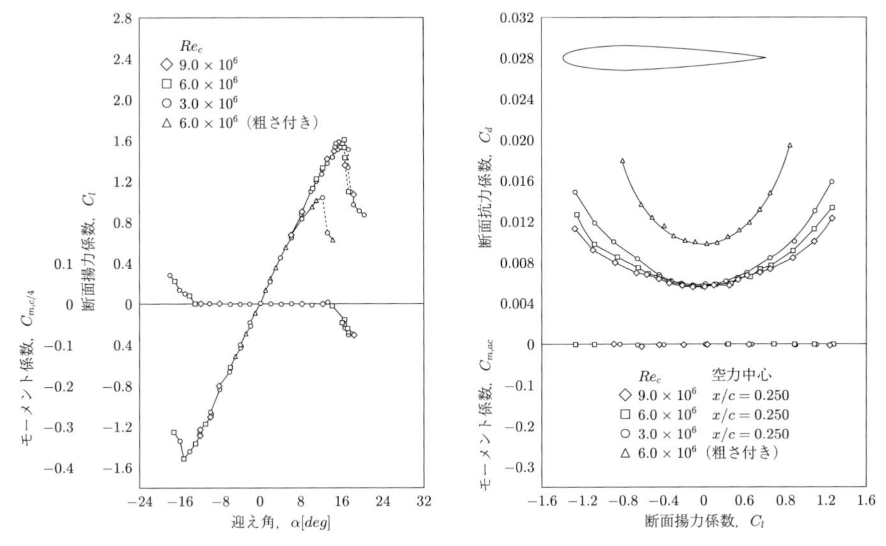

図 **13.3.1**　翼型実験データ（NACA0012 翼型［対称翼］）

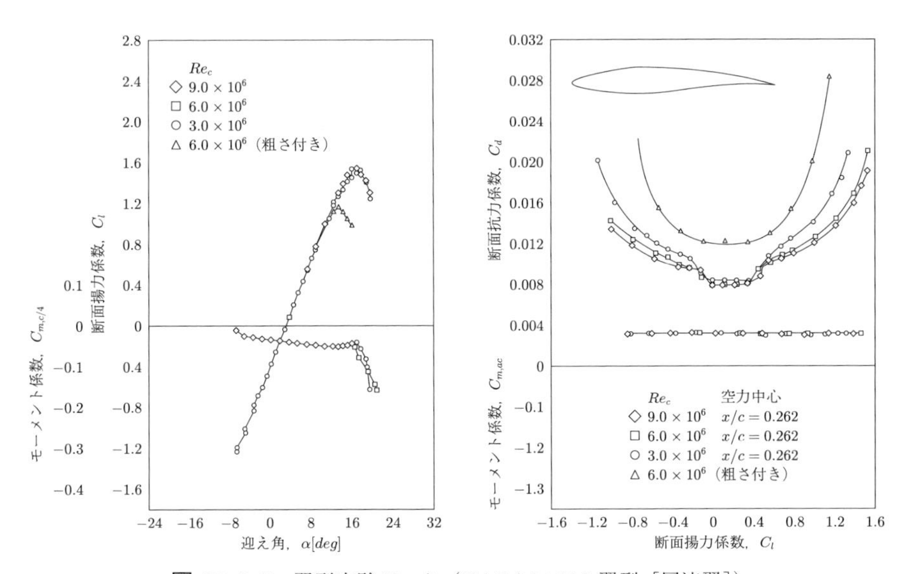

図 **13.3.2**　翼型実験データ（NACA64-212 翼型［層流翼］）

これら 2 つのデータから，翼型の特徴的な性質を抽出してみよう．

(1)　揚力特性

- 揚力係数は迎え角にほぼ比例して直線的に増加する．揚力曲線の傾き，すなわち**揚力傾斜**（lift slope）$C_{l\alpha}$（$= \mathrm{d}C_l/\mathrm{d}\alpha$）は，翼型によらずほぼ同じ値（約 0.11/deg（=6.31/rad））である．
- 揚力は迎え角が 12° から 16° あたりで頭打ちとなり，迎え角がそれ以上になると急激に減少し始める，いわゆる**失速**（stall）とよばれる現象が発生する．失速は流れの翼面からの剥離（第 I 部 4.4 節）によって起こる現象である．
- レイノルズ数や表面の粗さは揚力傾斜の値にほとんど影響しない．一方で失速にはそれらの影響が表れる．
- 対称翼（NACA0012）では，$\alpha = 0°$ で揚力が 0 になる．これに対し，キャンバー付きの翼（NACA64-212）では，迎え角が 0 でも正の揚力が発生する．

(2)　抗力特性

- いずれの翼型も揚力が 0 の場合にも抗力が働く．
- 抗力は揚力の増加に対して放物線状に増加する．
- レイノルズ数や表面粗さは抗力の値に強く影響する．
- 迎え角が小さい領域で抗力が急激に減少する現象が見られる．この現象は NACA0012 では起こらないが，NACA64-212 では顕著に現れる．抗力が減少する部分がバケツ状をしていることから，この現象を「層流バケット（laminar bucket）」または「抗力バケット（drag bucket）」とよんでいる．この現象が生じると空気抵抗が 30-50 % 減少する．

(3)　ピッチングモーメント特性

- $c/4$ 点周りのモーメントは迎え角によらず一定値を保つ．対称翼では，この値がほぼ 0 となる．
- 失速が発生すると $c/4$ 点周りのモーメントの値は一定値から大きくずれ始める．
- 対称翼（NACA0012）では空力中心は $x/c = 0.25$ にあり，その点周りのモーメントの値は 0 である．これに対し，キャンバー付きの翼（NACA

64-212）の空力中心の位置は $x/c = 0.262$ で，その点周りのモーメントは正の値をとる．

- レイノルズ数はモーメントの値や空力中心の位置にはあまり影響を及ぼさない．

このように，翼型は一見複雑だが共通する性質をもっている．実はこれらはすべて理論的説明が可能な性質である．次節以降，流体力学の基礎理論にもとづいて，翼型のもつ性質を解明してゆく．

13.4 翼型理論

翼の性質を理論的に説明しようとする試みはニュートンの時代から行われていた．しかし，理論では実験データがまったく説明できず翼理論は机上の空論とみなされた時期もあった．その後，ジューコフスキー（ロシア）やクッタ（ドイツ），それにプラントル（ドイツ）など工学的なセンスをもつ流体力学者の登場によって，翼理論は飛躍的に発展する．本節では，それらの過程をたどりながら，2 次元翼の理論について解説する．

13.4.1 非圧縮性ポテンシャル流れ

一様流の中に置かれた翼型の 2 次元非粘性・非圧縮性ポテンシャル流れを考える．第 II 部で詳しい説明があったように，主流が一様であれば，ケルビンの定理より翼型周りの流れは非回転（渦なし）とみなすことができ，翼型周りの x 軸および y 軸方向の速度は，速度ポテンシャル ϕ を用いて以下のように表せる．

$$u = \frac{\partial \phi}{\partial x}, \quad v = \frac{\partial \phi}{\partial y} \tag{13.4.1}$$

ϕ は以下の**ラプラスの方程式**の解である．

$$\frac{\partial^2 \phi}{\partial x^2} + \frac{\partial^2 \phi}{\partial y^2} = 0 \tag{13.4.2}$$

ラプラスの方程式は線形の偏微分方程式であり，解の重ね合わせが効く（第 II 部）．ϕ_1 と ϕ_2 がともにラプラスの方程式の解であるなら，それらの和 $\phi_1 +$

ϕ_2 や差 $\phi_1 - \phi_2$ も解であり，それらをスカラー倍したものも解である．この性質を利用すれば，以下の2つの境界条件を満たすように，一様流，湧き出し，吸い込み，2重湧き出し，渦などの基本解を重ね合わせることによって，任意の物体周りのポテンシャル流れを表すことができる．

境界条件（その1）：無限遠方において

$$u = \frac{\partial \phi}{\partial x} = U_\infty, \quad v = \frac{\partial \phi}{\partial y} = 0 \tag{13.4.3}$$

境界条件（その2）：物体表面において

$$\vec{V} \cdot \vec{n} = 0 \quad \text{または} \quad \frac{\partial \phi}{\partial n} = 0 \tag{13.4.4}$$

第1の境界条件は物体より無限遠方で翼型による擾乱が0になることを意味している．一方，第2の境界条件は物体表面を貫通する流れがない，言い換えれば，流体が物体表面に沿って流れることを意味している．

ポテンシャル流れの代表例として一様流中に置かれた円柱周りの流れを考える．第II部第9章より，半径 R の円柱周りの流れの速度ポテンシャルは，一様流と2重湧き出しの重ね合わせで表される．

$$\phi = U_\infty \left(r + \frac{R^2}{r} \right) \cos\theta \tag{13.4.5}$$

ここで $B = U_\infty R^2$ とおくと第II部の式 (9.1.1) と同じ式になる．

円柱周りの流れの解は一意ではなく，式 (13.4.5) に任意の強さの渦を付け加えても，円柱表面に沿って流体が流れるという境界条件は満たされる．このときの速度ポテンシャルは

$$\phi = U_\infty \left(r + \frac{R^2}{r} \right) \cos\theta - \frac{\Gamma}{2\pi}\theta \tag{13.4.6}$$

で与えられる．ここで Γ は任意定数で時計回りの循環の強さを表している．このとき，円柱表面（$r = R$）における速度分布は，

$$v_r = \left. \frac{\partial \phi}{\partial r} \right|_{r=R} = 0 \tag{13.4.7}$$

$$v_\theta = \frac{1}{r} \left. \left(\frac{\partial \phi}{\partial \theta} \right) \right|_{r=R} = -2U_\infty \sin\theta - \frac{\Gamma}{2\pi R} \tag{13.4.8}$$

となる［第Ⅱ部の式 (9.5.3) に同じ］．円柱表面の圧力はベルヌーイの定理を用いて，

$$p = p_{\mathrm{t}} - \frac{1}{2}\rho V^2 = p_{\mathrm{t}} - \frac{1}{2}\rho\left(2U_\infty \sin\theta + \frac{\Gamma}{2\pi R}\right)^2 \tag{13.4.9}$$

で表せる．ここで，p_{t} は総圧（よどみ点圧）である．式 (13.4.9) を円周に沿って積分すると，円柱に働く抗力 D と揚力 L はそれぞれ以下の式で表される．

$$D = \int_0^{2\pi} -(p\cos\theta)R\mathrm{d}\theta \tag{13.4.10}$$

$$L = \int_0^{2\pi} -(p\sin\theta)R\mathrm{d}\theta \tag{13.4.11}$$

式中の p に式 (13.4.9) を代入して積分を実行すると（各自やってみること），次の 2 つの関係式が得られる．

$$D = 0 \tag{13.4.12}$$

$$L = \rho U_\infty \Gamma \tag{13.4.13}$$

式 (13.4.2) は**ダランベールの背理**，式 (13.4.13) は**クッタ・ジューコフスキーの定理**とよばれる空気力学の重要定理である．円柱に限らず任意形状の物体周りのポテンシャル流れに対して，これらの関係式が成立することが数学的に証明されている．

クッタ・ジューコフスキーの定理は翼に働く揚力が密度と飛行速度と循環によって決まることを示している．物体周りの循環 Γ の大きさは，物体を取り囲む任意の閉鎖曲線での接線方向速度の積分値として定義される．

$$\Gamma \equiv \oint \vec{V}\cdot\mathrm{d}\vec{s} \tag{13.4.14}$$

ここで注意しなければならないのは，式 (13.4.13) の Γ は任意定数だということで，その値を物体の境界条件から決定することはできない．すなわち，Γ の決定には物理的な洞察が必要となる．

13.4.2　クッタ条件

図 13.4.1 に翼型周りのポテンシャル流れを示す．円柱の場合と同様に，揚

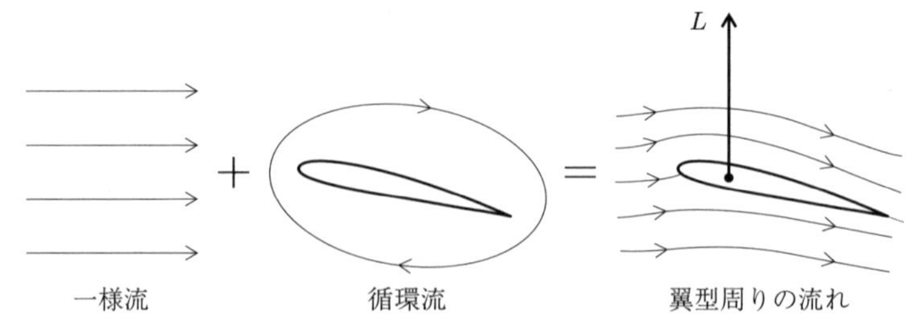

図 13.4.1　重ね合わせによる翼型周りの流れの表現

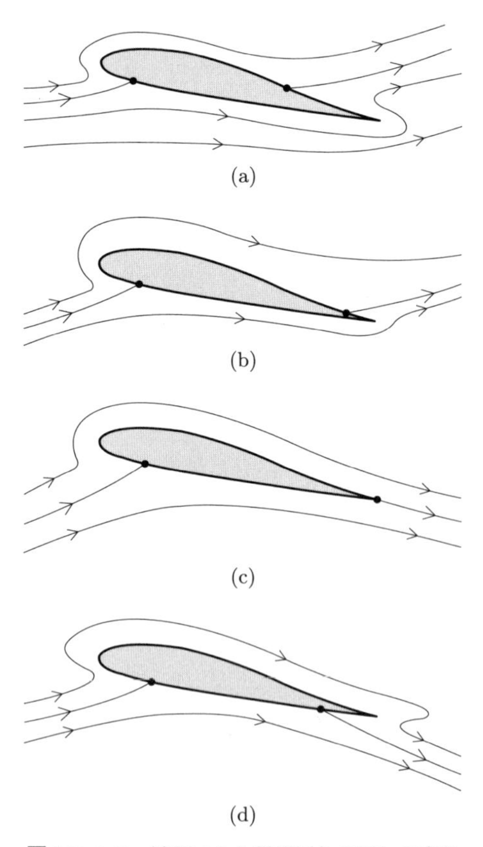

図 13.4.2　循環による翼型周りの流れの変化

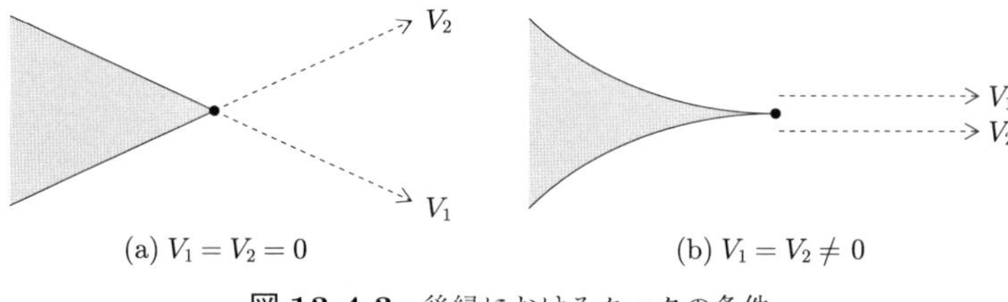

図 13.4.3　後縁におけるクッタの条件

力を発生する翼型周りの流れは一般流と循環流を重ね合わせることによって表現できる．図 13.4.2 の (a) から (d) に，さまざまな大きさの循環 Γ に対する翼型周りの流れの変化を示す．

これらの図をながめると，物理的に実現可能な流れは (c) であることが直感的にわかる．これ以外の条件では，翼型の後縁を鋭角に曲がり込む流れが存在し，そこで流速が発散する．循環 Γ の大きさが変化するとよどみ点は翼面上を移動し，その位置が (c) のように後縁と一致すれば，後縁で流速が発散することはなくなる．すなわち，このときの循環 Γ が，翼型周りに実現する循環となる．

このように，尖った後縁をもつ翼型では，後縁で流速が発散しないという条件を課すと循環の大きさが定められる．こうして Γ の大きさを決定することを**クッタの条件**（Kutta condition）という．クッタの条件が成立する条件（図 13.4.3）では，上面と下面の流れが後縁で滑らかに接続する．後縁角が有限の場合は後縁がよどみ点になり，後縁角が 0 の場合は上下面の流速が一定値になる．翼型が尖った後縁をもつことは揚力の発生に対して本質的な意味をもつ．クッタの条件によって決まる Γ をクッタ・ジューコフスキーの定理に代入して得られる揚力の値は，現実の実験値とよく一致する．

13.5 薄 翼 理 論

翼型周りのポテンシャル流れにはさまざまな解法が考えられている．解析的な方法としては，xy 平面を複素平面と考えて，任意の翼形状を円柱に等角写像する方法がある．写像された速度ポテンシャルもラプラス方程式の解であり，循環の大きさも保存されるので，円柱周りの解析解から任意形状の翼型周りの流れが計算できる．

一方，数値的な解法としてはパネル法が広く用いられる．その一例が第II部第10章で紹介されている．この方法では，物体形状を有限の数の直線（パネル）で表現し，各パネルに吹き出しや2重湧き出しなどの基本要素を分布させる．すべてのパネル上で垂直方向の速度が0になるという境界条件から，各パネルの要素の強度が数値的に求まる．フリーソフトを含むさまざまなソフトウエアが公開されている．

これら2つの方法は翼型周りのポテンシャル流れの厳密解を得るためのものであるが，本節では**薄翼理論**（thin airfoil theory）とよばれる近似解法を紹介する．これは，翼面上での境界条件を線形化することで問題を解析的に扱いやすくしたもので，翼型が示すさまざまな特性がこの理論で説明できる．また，薄翼理論の知識があれば，翼型形状と空気力を直接対応付けることができ，翼を設計する際に有用となる基本指針を学ぶことができる．

13.5.1　基礎方程式

翼面を表す境界条件を簡略化するため，翼弦を x 軸，それに直角となる方向を y 軸とする座標系を考える（図 13.5.1）．一様流の速度ポテンシャルは α を迎え角として，

$$\phi_\infty = U_\infty(x\cos\alpha + y\sin\alpha) \tag{13.5.1}$$

で与えられる．

ここで，以下の式で定義される擾乱速度ポテンシャル φ を導入すると，

$$\varphi \equiv \phi - \phi_\infty \tag{13.5.2}$$

φ は次の境界値問題の解となる．

基礎方程式（ラプラスの方程式）：

$$\frac{\partial^2\varphi}{\partial x^2} + \frac{\partial^2\varphi}{\partial y^2} = 0 \tag{13.5.3}$$

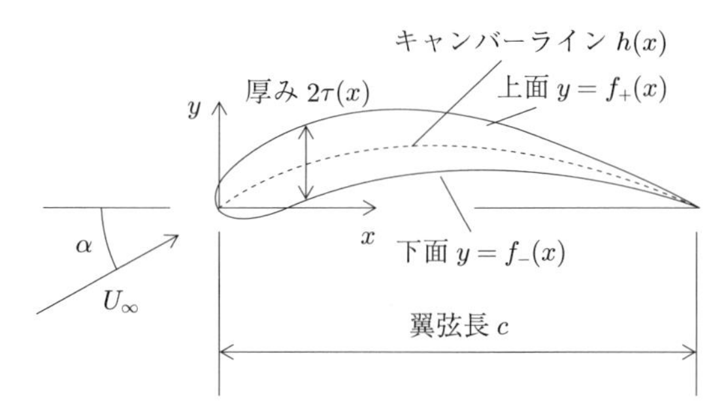

図 13.5.1　薄翼理論における翼型の表現

境界条件（物体上の接線条件）：

$$\left(U_\infty \cos\alpha + \frac{\partial\varphi}{\partial x}\right) n_x + \left(U_\infty \sin\alpha + \frac{\partial\varphi}{\partial y}\right) n_y = 0 \tag{13.5.4}$$

境界条件（無限遠）：

$$\left(\frac{\partial\varphi}{\partial x}, \frac{\partial\varphi}{\partial y}\right) \to (0, 0) \tag{13.5.5}$$

クッタの条件：

$$\left(\frac{\partial\varphi}{\partial x}, \frac{\partial\varphi}{\partial y}\right) \text{が翼後縁で有限値になる.}$$

式 (13.5.4) において翼の上下面の曲線の座標を

$$y = f(x) \quad (0 \le x \le c) \tag{13.5.6}$$

で表すと，翼面上の境界条件は

$$\left(U_\infty \cos\alpha + \frac{\partial\varphi}{\partial x}\right) \frac{\mathrm{d}f}{\mathrm{d}x} - \left(U_\infty \sin\alpha + \frac{\partial\varphi}{\partial y}\right) = 0$$

すなわち，

$$\frac{\partial\varphi}{\partial y} = \left(U_\infty \cos\alpha + \frac{\partial\varphi}{\partial x}\right) \frac{\mathrm{d}f}{\mathrm{d}x} - U_\infty \sin\alpha \tag{13.5.7}$$

となる．この式は一見すると，$v(= \partial\varphi/\partial y)$ と翼面勾配 $(= \mathrm{d}f/\mathrm{d}x)$ の線形関係を示しているように見えるが，$\mathrm{d}f/\mathrm{d}x$ の係数に $u(= \partial\varphi/\partial x)$ がかかってい

るので，実際には非線形の関係式である．

そこで，翼型は非常に薄く（$|f(x)| \ll c$），かつ迎え角 α は十分に小さい（$\alpha \ll 1$）と仮定する．このとき擾乱速度は主流速度に比較して十分に小さく，翼型の法線ベクトルは x 軸にほぼ垂直とみなせる．また，$\cos\alpha \approx 1, \sin\alpha \approx \alpha$ などの近似が成り立つ．このような条件の下では，式 (13.5.7) の $\mathrm{d}f/\mathrm{d}x$ と $\partial\varphi/\partial x$ の積が他の項に比べて無視でき，式 (13.5.7) は

$$\frac{\partial\varphi}{\partial y}(x,y) = U_\infty \frac{\mathrm{d}f}{\mathrm{d}x} - U_\infty\alpha \quad (0 \le x \le c) \tag{13.5.8}$$

と簡単化できる．これを線形化された翼面境界条件とよんでいる．

ここで，$\partial\varphi/\partial y$ を x 軸中心にテイラー展開し，高次項をすべて無視すると，式 (13.4.12) はさらに簡単化でき，

$$\frac{\partial\varphi}{\partial y}(x,0) = U_\infty \frac{\mathrm{d}f}{\mathrm{d}x} - U_\infty\alpha \quad (0 \le x \le c) \tag{13.5.9}$$

または，

$$\frac{\partial\varphi}{\partial y}(x,+0) = U_\infty \frac{\mathrm{d}f_+}{\mathrm{d}x} - U_\infty\alpha \quad （上面，0 \le x \le c） \tag{13.5.10}$$

$$\frac{\partial\varphi}{\partial y}(x,-0) = U_\infty \frac{\mathrm{d}f_-}{\mathrm{d}x} - U_\infty\alpha \quad （下面，0 \le x \le c） \tag{13.5.11}$$

と表せる．ここで，翼座標 $y = f(x)$ をキャンバー $h(x)$ と厚み成分 $\tau(x)$（翼厚の 1/2）に分けると，

$$上面：f_+(x) = h(x) + \tau(x) \tag{13.5.12}$$

$$下面：f_-(x) = h(x) - \tau(x) \tag{13.5.13}$$

と表せ，これらを上記の線形化された境界条件に代入すると，

$$\frac{\partial\varphi}{\partial y}(x,+0) = U_\infty \frac{\mathrm{d}h}{\mathrm{d}x} + U_\infty \frac{\mathrm{d}\tau}{\mathrm{d}x} - U_\infty\alpha \quad (上面，0 \le x \le c) \tag{13.5.14}$$

$$\frac{\partial\varphi}{\partial y}(x,-0) = U_\infty \frac{\mathrm{d}h}{\mathrm{d}x} - U_\infty \frac{\mathrm{d}\tau}{\mathrm{d}x} - U_\infty\alpha \quad (下面，0 \le x \le c) \tag{13.5.15}$$

が得られる．

これらの式から，薄翼の興味深い性質を導くことができる．薄翼近似では

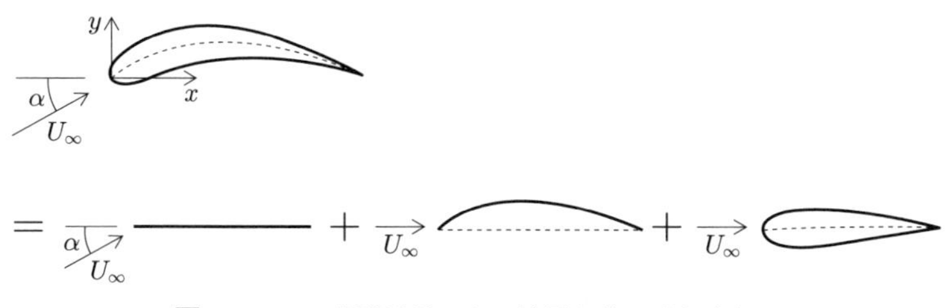

図 **13.5.2** 薄翼近似による境界条件の重ね合わせ

境界条件の重ね合わせが可能なので，式 (13.5.14) と (13.5.15) は，翼型形状の効果が迎え角，キャンバー，厚みという 3 つの独立した要素に分けられることを示している．つまり，任意の形状の薄翼周りの擾乱速度ポテンシャル φ は，各々がラプラス方程式，無限境界条件，クッタの条件を満たす次の 3 つのより簡単な問題の解 $\varphi_1, \varphi_2, \varphi_3$ の和となる．

問題 1：$\Delta\varphi_1 = 0$，無限遠条件，クッタの条件，および接線条件

$$\frac{\partial \varphi_1}{\partial y}(x, 0) = -U_\infty \alpha \tag{13.5.16}$$

問題 2：$\Delta\varphi_2 = 0$，無限遠条件，クッタの条件，および接線条件

$$\frac{\partial \varphi_2}{\partial y}(x, 0) = U_\infty \frac{\mathrm{d}h}{\mathrm{d}x} \tag{13.5.17}$$

問題 3：$\Delta\varphi_3 = 0$，無限遠条件，クッタの条件，および接線条件

$$\frac{\partial \varphi_3}{\partial y}(x, \pm 0) = \pm U_\infty \frac{\mathrm{d}\tau}{\mathrm{d}x} \tag{13.5.18}$$

問題 1〜3 は各々次に示す流れの解を表している（図 13.5.2）．

問題 1：平板翼が一様流中に迎え角 α で置かれている場合の解

問題 2：キャンバーをもつ厚みのない翼が迎え角 0 で一様流に置かれている場合の解

問題 3：厚みをもつ対称翼が迎え角 0 で一様流に置かれている場合の解

迎え角，キャンバー，厚みの 3 つの要素のうち，揚力の発生に関わるのは迎え角とキャンバーだけで，翼の厚みは揚力にはまったく寄与しない．キャン

バーは揚力を一定の値だけ付加する効果をもっている．実際の翼型もこれらの性質を示すことが知られており，これらは翼型を設計する際の基本的な指針となる．

厳密に言うと，薄翼近似の仮定は翼の前縁付近や翼前縁が丸い場合には成立しない．ただ，このような領域は前縁のごく近傍の小さな領域に限られており，これによる誤差は翼型全体に働く空気力にはあまり影響しない．

13.5.2　平板周りの流れ

薄翼近似のもっとも簡単な例として平板を考える．ここでは，平板を図 13.5.3 のように x 軸上に分布する単位長さ当たりの強さが $\gamma(x)$ の渦列で表現する．

まず，渦分布 $\gamma(x)$ によって平板上に誘導される垂直速度 $w(x)$ を考える．x 軸上の点 ξ にある渦（強さ $\gamma(\xi)\mathrm{d}\xi$）が点 x に誘導する速度を $\mathrm{d}w$ とすると，渦が誘起する流れは第 II 部 8.6.5 項より，

$$\mathrm{d}w = -\frac{\gamma(\xi)\mathrm{d}\xi}{2\pi(x-\xi)} \tag{13.5.19}$$

で与えられる．

平板上に分布したすべての渦 $(0 \le x \le c)$ が点 x に誘導する垂直速度 $w(x)$ は，式 (13.5.19) を前縁から後縁まで積分することによって得られ，

$$w(x) = -\frac{1}{2\pi}\int_0^c \frac{\gamma(\xi)}{(x-\xi)}\mathrm{d}\xi \tag{13.5.20}$$

となる．

渦はラプラス方程式の基本解なので無限遠条件は自動的に満たされる．つまり，平板周りの薄翼近似解を求める問題は，翼面境界条件とクッタの条件を満足する渦分布 $\gamma(x)$ を求める積分方程式に帰着する．

$$翼面境界条件：\frac{1}{2\pi}\int_0^c \frac{\gamma(\xi)}{x-\xi}\mathrm{d}\xi = U_\infty \alpha \tag{13.5.21}$$

$$クッタの条件：\gamma(c) = 0 \tag{13.5.22}$$

ここで，座標軸を $x = (c/2)(1-\cos\theta)$ として $\theta(0 \le \theta \le \pi)$ に変換すると，式

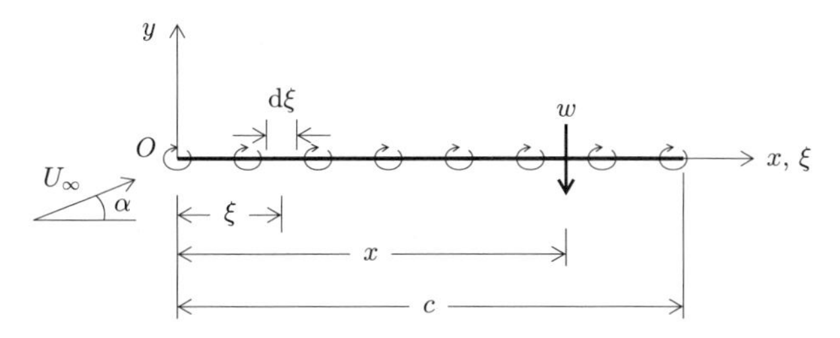

図 13.5.3 平板翼の渦の重ね合わせによる表現

(13.5.21) は

$$\frac{1}{2\pi}\int_0^{\pi}\frac{\gamma(\theta)\sin\theta}{\cos\theta-\cos\theta_0}\mathrm{d}\theta = U_\infty\alpha \tag{13.5.23}$$

となり，この式に $\gamma(\theta)$ をフーリエ級数展開したものを代入すると解くことができる．ただし，その式変形は複雑なので，ここでは結果だけを示す．

$$\gamma(\theta) = 2U_\infty\alpha\frac{1+\cos\theta}{\sin\theta} \tag{13.5.24}$$

式 (13.5.23) に代入し解になっていることを各自で確かめて欲しい．

平板周りの循環の大きさは，式 (13.5.24) を前縁から後縁まで積分することで得られる．

$$\Gamma = \int_0^c \gamma(x)\mathrm{d}x = \frac{c}{2}\int_0^{\pi}\gamma(\theta)\sin\theta\mathrm{d}\theta = \alpha c U_\infty\int_0^{\pi}(1+\cos\theta)\mathrm{d}\theta = \pi\alpha c U_\infty \tag{13.5.25}$$

平板に働く単位幅当たりの揚力は，クッタ・ジューコフスキーの定理［式 (13.4.13)］を適用して，

$$L = \rho U_\infty\Gamma = \pi\alpha c\rho U_\infty^2 \tag{13.5.26}$$

で与えられる．これより，平板の断面揚力係数 C_l を表す公式が導かれる．

$$C_l = \frac{L}{\frac{1}{2}\rho U_\infty^2 c} = 2\pi\alpha \tag{13.5.27}$$

つまり，揚力係数は α に比例し，その傾き $\mathrm{d}C_l/\mathrm{d}\alpha$ つまり揚力傾斜は 2π となる．この値は，2.3 節で示した翼型の実験データ（約 0.11/deg ＝ 6.31/rad）にほぼ一致している．

同様にして，$\gamma(\theta)$ からピッチングモーメントも計算できる．前縁周りのモーメント M_{LE} は，局所的な揚力の大きさ $\mathrm{d}L(=\rho U_\infty \gamma(x)\mathrm{d}x)$ と前縁からの距離 x の積を前縁から後縁まで積分することによって得られる．

$$M_{\mathrm{LE}} = -\int_0^c x\mathrm{d}L = -\rho U_\infty \int_0^c x\gamma(x)\mathrm{d}x \tag{13.5.28}$$

この式に渦分布の解 (13.5.24) を代入すると，

$$M_{\mathrm{LE}} = -\frac{1}{4}\rho U_\infty^2 c^2 \pi\alpha \tag{13.5.29}$$

となり，これを無次元化すると，

$$C_{m,\mathrm{LE}} = \frac{M_{\mathrm{LE}}}{\frac{1}{2}\rho U_\infty^2 c^2} = -\frac{\pi\alpha}{2} \tag{13.5.30}$$

となる．ここで，式 (13.5.25) より $C_l = 2\pi\alpha$ なので，式 (13.5.30) は

$$C_{m,\mathrm{LE}} = -\frac{C_l}{4} \tag{13.5.31}$$

と表せ，基準点の変換式より $C_{m,\mathrm{LE}} = C_{m,c/4} - C_l/4$ であるから，最終的に，

$$C_{m,c/4} = 0 \tag{13.5.32}$$

という関係式が導かれる．

つまり，前縁から翼弦長の 4 分の 1 の位置（$c/4$ 点）を基準にしたときの平板のピッチングモーメントは迎え角によらず常に 0 となる．これは平板の空力中心が c/4 点に位置していることを意味している．こちらも 13.3 節で示した対称翼の実験データと一致する結果である．

13.5.3　キャンバー付き翼型

前節と同様のやり方で，**キャンバー付き翼型**（cambered airfoil）の揚力係数を求める（図 13.5.4）．

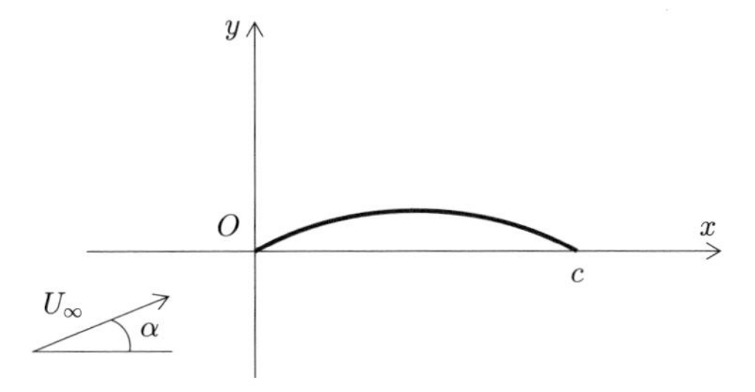

図 13.5.4　キャンバー付き翼型

$$\text{翼面境界条件：}\frac{1}{2\pi}\int_0^c \frac{\gamma(x)}{x-\xi}\mathrm{d}\xi = U_\infty\left(\alpha - \frac{\mathrm{d}h}{\mathrm{d}x}\right) \tag{13.5.33}$$

$$\text{クッタの条件：}\gamma(c) = 0 \tag{13.5.34}$$

座標軸を $x = (c/2)(1-\cos\theta)$ で変換すると，以下の積分方程式が得られる．

$$\frac{1}{2\pi}\int_0^\pi \frac{\gamma(\theta)\sin\theta}{\cos\theta - \cos\theta_0}\mathrm{d}\theta = U_\infty\left(\alpha - \frac{\mathrm{d}h}{\mathrm{d}x}\right) \tag{13.5.35}$$

ここで，翼型のキャンバーラインを以下のフーリエ級数で表す．

$$\frac{\mathrm{d}h}{\mathrm{d}x} = (\alpha - A_0) + \sum_{n=1}^{\infty} A_n \cos n\theta_0 \tag{13.5.36}$$

A_0，$A_n (n = 1, 2, 3, \ldots)$ は翼型のキャンバーラインから決まる定数で，以下の式で与えられる．

$$A_0 = \alpha - \frac{1}{\pi}\int_0^\pi \frac{\mathrm{d}h}{\mathrm{d}x}\mathrm{d}\theta_0 \tag{13.5.37}$$

$$A_n = \frac{2}{\pi}\int_0^\pi \frac{\mathrm{d}h}{\mathrm{d}x}\cos n\theta_0 \mathrm{d}\theta_0 \quad (n = 1, 2, 3, \ldots) \tag{13.5.38}$$

式 (13.5.36) を式 (13.5.35) に代入して積分方程式を解く．この解法もここに示すには複雑なので，結果のみを紹介する．

まず，循環の大きさは

$$\Gamma = \int_0^c \gamma(x)\mathrm{d}x = cU_\infty \pi \left(A_0 + \frac{1}{2}A_1 \right) \tag{13.5.39}$$

で与えられる．揚力は，クッタ・ジューコフスキーの定理より，

$$L = \rho U_\infty \Gamma = \rho U_\infty^2 c\pi \left(A_0 + \frac{1}{2}A_1 \right) \tag{13.5.40}$$

となる．これより，断面揚力係数は

$$C_l = \frac{L}{\dfrac{1}{2}\rho V_\infty^2 c} = \pi(2A_0 + A_1) = 2\pi \left[\alpha + \frac{1}{\pi}\int_0^\pi \frac{\mathrm{d}h}{\mathrm{d}x}(\cos\theta_0 - 1)\mathrm{d}\theta_0 \right] \tag{13.5.41}$$

で表される．

$$\alpha_{L=0} = -\frac{1}{\pi}\int_0^\pi \frac{\mathrm{d}h}{\mathrm{d}x}(\cos\theta_0 - 1)\mathrm{d}\theta_0 \tag{13.5.42}$$

とおくと，式 (13.5.41) は

$$C_l = 2\pi(\alpha - \alpha_{L=0}) \tag{13.5.43}$$

と書き直せる．つまり，キャンバー付き翼の揚力傾斜は

$$\frac{\mathrm{d}C_l}{\mathrm{d}\alpha} = 2\pi \tag{13.5.44}$$

となり，平板（対称翼）の場合と同じ値になる．

式 (13.5.42) の $\alpha_{L=0}$ は**零揚力角**（zero-lift angle）とよばれており，対称翼では 0 となる．一方，上向きに反った翼型では $\alpha_{L=0}$ は負となり，α =0 の場合でも正の揚力が発生する．つまり，翼型にキャンバーをつけると，すべての α に対して揚力係数を一定値だけ増加させる効果が生じる．

同様にしてピッチングモーメント係数（前縁周り）は，

$$C_{m,\mathrm{LE}} = \frac{M_{\mathrm{LE}}}{\dfrac{1}{2}\rho V_\infty^2 c^2} = -\frac{\pi}{2}\left(A_0 + A_1 - \frac{A_2}{2} \right) \tag{13.5.45}$$

$C_l = \pi(2A_0 + A_1)$ より

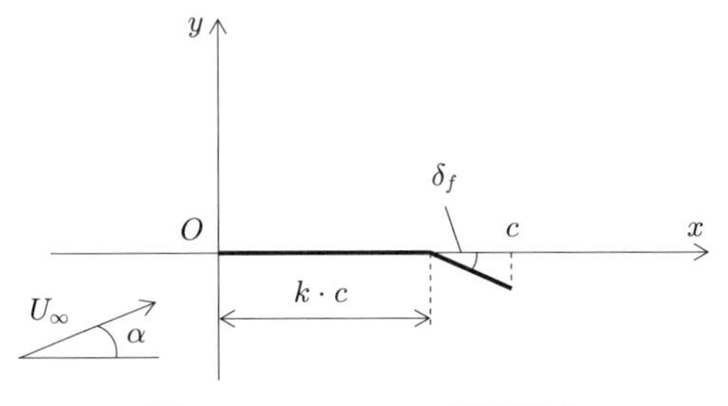

図 13.5.5 フラップ付き翼型

$$C_{m,\mathrm{LE}} = -\left[\frac{C_l}{4} + \frac{\pi}{4}(A_1 - A_2)\right] \tag{13.5.46}$$

となる．ここで，$C_{m,\mathrm{LE}} = C_{m,c/4} - C_l/4$ であるから，

$$C_{m,c/4} = \frac{\pi}{4}(A_2 - A_1) = \mathrm{const.} \tag{13.5.47}$$

という関係が得られる．すなわち，キャンバー付き翼の $c/4$ 点周りのモーメントは迎え角によらない一定値となる．これも実験データとよく一致する結果である．

13.5.4 フラップ付き翼型

キャンバー付き翼に似たもう 1 つの例に，フラップ付き翼型（flapped airfoil）がある（図 13.5.5）．これは，翼後縁に舵面やフラップ（高揚力装置）などが装着された場合の近似となっている．

薄翼近似におけるフラップ付き翼の境界条件は，翼前縁とフラップのヒンジライン（hinge line）までの距離を $kc(0 < k < 1)$ として，

$$\begin{cases} \dfrac{\mathrm{d}h}{\mathrm{d}x} = 0 \quad (0 < x < kc) \\ \dfrac{\mathrm{d}h}{\mathrm{d}x} = -\delta_f \quad (kc < x < c) \end{cases} \tag{13.5.48}$$

で与えられる．δ_f は**舵角**（flap angle）である．

キャンバー付き翼の場合と同様に，翼型をフーリエ級数で表すと，

$$\frac{\mathrm{d}h}{\mathrm{d}x} = (\alpha - A_0) + \sum_{n=1}^{\infty} A_n \cos n\theta_0 \tag{13.5.49}$$

となり，これを式 (13.5.33) に代入し，積分方程式を解くと（詳細は割愛），

$$\Gamma = \int_0^c \gamma(\xi)\mathrm{d}\xi = cU_\infty \left(\pi A_0 + \frac{\pi}{2}A_1 + \cdots\right) \tag{13.5.50}$$

が得られる．ここで，

$$A_0 = \alpha + \frac{1}{\pi}\int_{\theta_k}^{\pi} \delta_f \mathrm{d}\theta = \alpha + \frac{\delta_f}{\pi}(\pi - \theta_k) \tag{13.5.51}$$

$$A_1 = -\frac{2}{\pi}\int_{\theta_k}^{\pi} \delta_f \cos\theta \mathrm{d}\theta = \frac{2\delta_f}{\pi}\sin\theta_k \tag{13.5.52}$$

である．θ_k はヒンジラインの位置を表しており，その値は $kc = (c/2)(1 - \cos\theta_k)$ より決められる．

クッタ・ジューコフスキーの定理より，フラップ付き翼型に働く揚力は

$$L = \rho U_\infty \Gamma = \rho U_\infty^2 c \left(\pi A_0 + \frac{\pi}{2}A_1\right) \tag{13.5.53}$$

無次元係数で表すと，

$$C_l = \frac{L}{\frac{1}{2}\rho U_\infty^2 c} = \pi(2A_0 + A_1) = 2\pi\left\{\alpha + \left[\left(1 - \frac{\theta_k}{\pi}\right) + \frac{1}{\pi}\sin\theta_k\right]\delta_f\right\} \tag{13.5.54}$$

となる．ここで

$$\frac{\mathrm{d}C_l}{\mathrm{d}\alpha} = 2\pi \tag{13.5.55}$$

$$\frac{\mathrm{d}C_l}{\mathrm{d}\delta_f} = 2\pi\left[\left(1 - \frac{\theta_k}{\pi}\right) + \frac{1}{\pi}\sin\theta_k\right] = \text{const.} \tag{13.5.56}$$

であるから，式 (13.5.54) は以下のように書き表せる．

$$C_l = 2\pi\alpha + \left(\frac{\mathrm{d}C_l}{\mathrm{d}\delta_f}\right)\delta_f \tag{13.5.57}$$

すなわち，フラップ付き翼の揚力係数は α に比例する部分と舵角 δ_f に比例

する部分の線形和として表される．舵角 δ_f を操作すると α とは独立に揚力が変化する．航空機の操縦に舵面が使われるのは，この便利な性質による．

13.5.5 厚みの影響

薄翼理論の最後に，厚みの影響について言及しておく．前述のように，翼の厚みには揚力を発生する効果はないが，上下面の圧力を同じ値だけ減少（速度を同じ値だけ増加）する効果がある．

翼表面の圧力分布はベルヌーイの定理より，

$$p = p_t - \frac{1}{2}\rho[(U_\infty + u)^2 + v^2] = p_\infty - \frac{\rho}{2}(2uU_\infty + u^2 + v^2) \qquad (13.5.58)$$

と表せる．ここで (u, v) は x, y 方向の微小擾乱速度である．

薄翼近似のもとでは $u, v \ll U_\infty$ であり，それらの自乗項が無視できるので，式 (13.5.56) は

$$p = p_\infty - \rho u U_\infty \qquad (13.5.59)$$

となる．ここで，微小要素 $\gamma(x)\mathrm{d}x$ の渦度は周囲を取り囲む経路の循環と等しいはずであるから，

$$\gamma(x)\mathrm{d}x = u\mathrm{d}x - (-u)\mathrm{d}x = 2u\mathrm{d}x \qquad (13.5.60)$$

と表せる．これより上下面の x 方向の擾乱速度は

$$u = \pm\frac{1}{2}\gamma(x) \qquad (13.5.61)$$

となる．符号（±）は上下面を表している．式 (13.5.59) より，翼面での圧力は

$$p(x, \pm 0) = p_\infty \mp \frac{1}{2}\rho U_\infty \gamma(x) \qquad (13.5.62)$$

と表せ，これを圧力係数で表すと

$$C_\mathrm{p}(x, \pm 0) = \frac{p - p_\infty}{\frac{1}{2}\rho U_\infty^2} = \mp\frac{\gamma(x)}{2} \qquad (13.5.63)$$

となる．

薄翼近似による平板の圧力分布（$\alpha = 4°$）を図 13.5.6 に示す．比較のため，

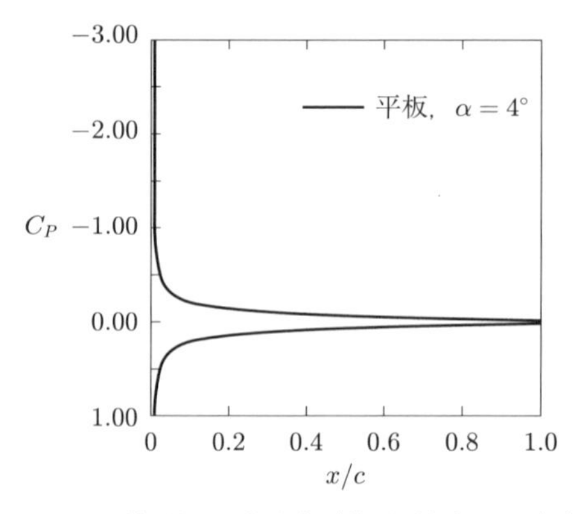

図 13.5.6　平板翼の圧力分布（薄翼近似解，迎え角 4°）

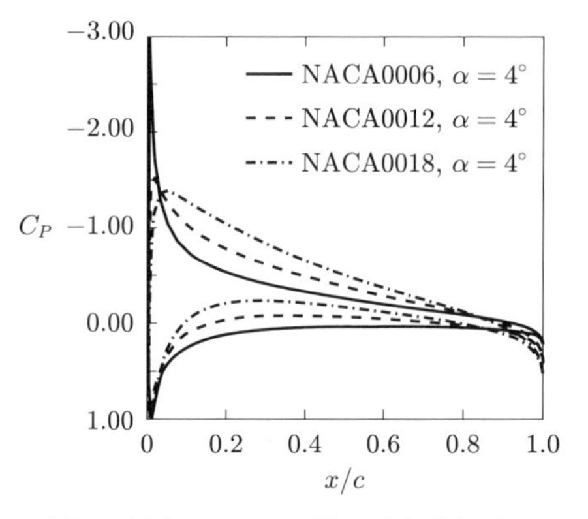

図 13.5.7　厚みが異なる NACA 翼の圧力分布（ポテンシャル理論の厳密解，迎え角 4°）

同じ迎え角における NACA 対称翼（0006, 0012, 0018）の圧力分布の厳密解を図 13.5.7 に示しておく．最大厚み比が 6 % の NACA0006 翼型は平板に似た圧力分布をもつことがわかる．翼の厚みが増すにつれ，上下面の圧力はともに低下側にシフトする．これによる揚力の変化はなく，平板と同じ値が保たれる．ただし，流れの剥離や境界層の遷移は圧力分布の影響を強く受けるので，翼型の失速や抗力を考える際には，翼に厚みを加えて圧力分布をコントロールすることが重要となる．

13.6 抗力の発生

これまでの議論で，揚力とピッチングモーメントの発生は，ポテンシャル理論を用いてほぼ完全に説明することができた．しかし，ダランベールの背理により，抗力は0のままである．これはポテンシャル理論の前提となる非粘性の仮定が，抗力の発生に対しては成り立たないためである．

第I部で述べられているように，空気には小さいが粘性がある．速度勾配が大きくなる物体の表面では粘性の影響が無視できず，境界層とよばれる薄い粘性層が翼面に沿って発達する．境界層については，本シリーズの第2巻で詳しい解説がなされるので，ここでは概要を述べるにとどめる．

境界層近似のもとでは，境界層内の圧力は外縁と同じ値になる．例えば，ポテンシャル理論によって翼型周りの圧力分布が与えられると，それに対して境界層方程式を解くことができ，境界層内の**速度分布**（velocity profile）が計算できる．

翼表面の摩擦応力は，**ニュートンの粘性法則**（Newton's law of viscosity）より

$$\tau = \mu \left(\frac{\partial u}{\partial y} \right)_{y=0} \tag{13.6.1}$$

で与えられる．すなわち，物体表面での垂直方向の速度勾配から摩擦応力が計算される．

翼表面の局所摩擦係数 C_τ は式 (13.2.12) より

$$C_\tau(x) = \frac{\tau}{\frac{1}{2}\rho U_\infty^2} \tag{13.6.2}$$

で表される．

翼型の表面に働く摩擦抗力（片面）は C_τ を前縁から後縁まで積分することによって得られ，

表 13.6.1　平板境界層における諸量

境界層の状態	層流	乱流
境界層厚さ $\delta(x)=\int_0^\infty\left(1-\frac{u}{U_e}\right)\mathrm{d}y$	$\delta(x)=\frac{5.2x}{\sqrt{Re_x}}$ $\delta(x)\approx x^{1/2}$	$\delta(x)=\frac{0.37x}{Re_x^{0.2}}$ $\delta(x)\approx x^{4/5}$
摩擦応力係数 $C_\tau(x)=\frac{\tau_w}{\frac{1}{2}\rho V_\infty^2}$	$C_\tau(x)=\frac{0.664}{\sqrt{Re_x}}$	$C_\tau(x)=\frac{0.0592}{(Re_x)^{0.2}}$
摩擦抗力係数（片面） $C_{d,f}=\int_0^1 c_f\mathrm{d}\left(\frac{x}{c}\right)$	$C_{d,f}=\frac{1.328}{\sqrt{Re_c}}$	$C_{d,f}=\frac{0.1184}{(Re_c)^{0.2}}$
備考	Blasius の解とよばれる	積分方程式から求まる

（注）　Re_x：前縁からの距離 x の位置におけるレイノルズ数
　　　Re_c：翼弦長 c に対するレイノルズ数

$$C_{d,f}=\int_0^1 C_\tau\mathrm{d}\left(\frac{x}{c}\right) \tag{13.6.3}$$

となる．

一様流中に平行に置かれた平板の境界層方程式の解を，表 13.6.1 にまとめておく．第 I 部 4.3 節で述べられているように，境界層には層流と乱流の 2 つの状態があり，翼面上の境界層内で擾乱が前縁から後方に向かうにつれ発達して，層流から乱流への遷移が起こる．乱流への遷移が起こるときのレイノルズ数を臨界レイノルズ数とよんでいる．

層流では境界層厚さが流れ方向の距離 x の 1/2 乗に比例して増加する．C_τ は局所レイノルズ数 Re_x のみの関数として表され，同様に抗力係数 $C_{d,f}$ も平板の長さ c を基準にしたレイノルズ数 Re_c の関数となる．これは，相似則に合致する結果である．

一方，境界層が乱流の場合，境界層厚さは流れ方向の距離 x の 4 /5 乗に比例して増加する．つまり，乱流では層流より境界層の厚みの増加が早まる．また，乱流境界層は層流境界層に比べて壁面上での速度勾配が大きくなるため，

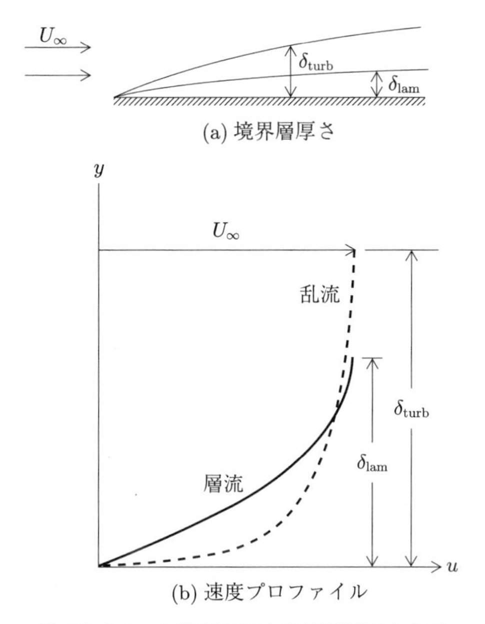

図 13.6.1　層流境界層と乱流境界層の比較

局所摩擦係数 C_τ が増加する（図 13.6.1）.

第 I 部の図 4.3.12 に平板の局所摩擦係数のレイノルズ数に対する変化が示されている．滑らかな平板では，レイノルズ数が $5 \times 10^5 \sim 10^6$ 程度の値で乱流への遷移が起こる．この値は圧力勾配や表面粗さによっても変わってくる．粗さがあるとレイノルズ数が同じでも摩擦係数が増加する．

平板と違って翼型には表面に沿う圧力分布があるので，その影響が境界層の発達や乱流への遷移に及ぶ．13.3 節で紹介した NACA0012 翼型と NACA 64-212 翼型（層流翼型）の抗力特性の図を見ると，レイノルズ数や粗さの影響は平板の場合と定性的には変わらない．大きく異なるのは，抗力に対する揚力の影響と層流バケットの存在である．

翼型の抗力に揚力依存性が現れるのは，翼型の上下面で境界層の発達に違いが生じるためである．一般に境界層は下面より上面の方が厚く，この効果は翼型の迎え角が減少したのと同じ効果を生じる．迎え角のこの変化を $\Delta\alpha$ とす

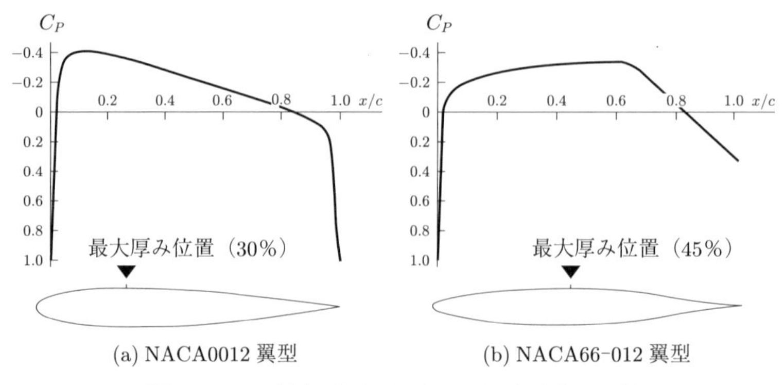

(a) NACA0012 翼型　(b) NACA66-012 翼型

図 13.6.2　従来型と層流翼の上面圧力分布の比較

ると，その分だけ揚力は飛行方向の後方に傾き，$C_l \times \Delta\alpha$ つまり C_l の 2 乗に比例する抗力成分が発生することになる．これは圧力抗力の一種とみなせる．

一方，層流バケットが生じるのは，境界層の乱流への遷移に関係している．境界層内の圧力は翼型に沿って増減し，境界層の乱流への遷移は，下流に向かって圧力が上昇するとき（**逆圧力勾配**）の方が，減少するとき（**順圧力勾配**）より早く起こる．図 13.6.2 は NACA0012 翼型と典型的な層流翼型（NACA66-012）の圧力分布を比較したものである．NACA66-012 は NACA0012 より翼型の最大厚み位置が後方にあり，前縁部の順圧力勾配の領域が広くなるため，境界層の乱流への遷移が遅れ摩擦抗力が減少する．つまり，層流翼型に層流バケットが生じるのは，層流域が拡大するためである．

世界で初めて層流翼型の原理を論文発表したのは，東京帝国大学航空研究所の谷一郎博士である（1940 年）．博士が設計した LB24 翼型の最小抗力係数は翼弦長の 3/1000 の直径の円柱と同じという小さな値だった．最近では，ホンダジェットの翼に層流翼が採用されている．

14

3 次元翼の空気力学

航空機の翼は 3 次元形状をしており，その平面形は航空機によって千差万別である．3 次元翼では翼周りの流れ場も 3 次元的になり，それを考慮した理論が必要とされる．ここでは，3 次元翼の形状が翼の揚力特性や抗力特性にどのように影響するのか，また，性能に優れた 3 次元翼とはどのような形状の翼なのか，ポテンシャル理論にもとづく解析方法を紹介する．

14.1　翼の平面形

理論の説明を始める前に，翼の平面形を表す用語を定義しておく．代表的な 3 次元翼の平面形（片側）を図 14.1.1 に示す．翼型の表記に従い，翼の前端部を**前縁**，後端部を**後縁**とよんでいる．また，翼の付け根の翼弦を**翼根**（wing root），翼の自由端の翼弦を**翼端**（wing tip），左右の翼端間の距離を**翼幅**または**スパン**（span）とよんでいる．

翼の各部の長さや面積は以下の記号で表される．

・**翼根翼弦長**（root chord）c_{R}

・**翼端翼弦長**（tip chord）c_{T}

・**翼幅**（span）b

・**翼面積**（wing area）S

胴体がある場合，翼平面は前縁と後縁の延長線と中心線との交点で囲まれた領域として定義される．胴体に隠れる部分も翼面積の一部に加えられる．

ここで，翼の平面形を表すいくつかの重要なパラメーターを定義しておく．

テーパー比（taper ratio，λ）は翼端と翼根における翼弦長の比であり，以下の式で定義される．

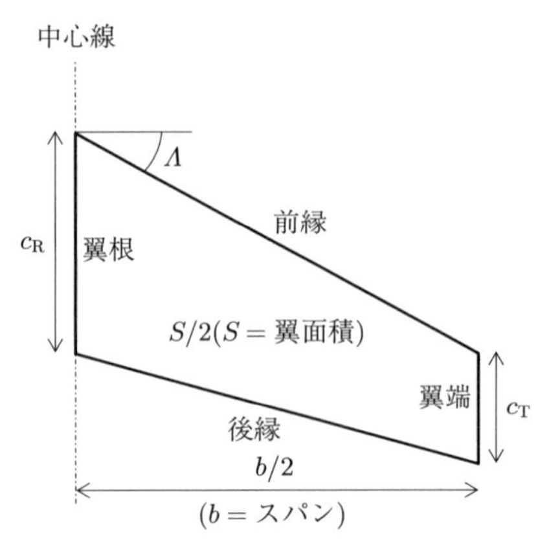

図 14.1.1　3 次元翼各部の名称

$$\lambda = \frac{c_{\mathrm{T}}}{c_{\mathrm{R}}} \tag{14.1.1}$$

矩形翼（長方形の翼，rectangular wing）では λ は 1 である．翼端に行くに従って翼弦長が小さくなる翼は**テーパー翼**（もしくは**先細翼**，tapered wing）とよばれ，λ は 1 より小さな値となる．

アスペクト比（aspect ratio，AR）は翼平面形を表すもっとも重要なパラメーターであり，以下の式で定義される．

$$AR = \frac{b^2}{S} \tag{14.1.2}$$

矩形翼では翼弦長は S/b であり，AR は長方形の縦と横の辺の長さの比（縦横比）を表している．式 (14.1.2) の定義は縦横比の概念を任意の平面形の翼に拡張したものだとみなせる．

レイノルズ数やモーメント係数を計算する際の代表長さには，翼弦長が用いられる．3 次元翼の翼弦の長さはスパン位置によって変化するので，以下の式で定義される**空力平均翼弦**（mean aerodynamic chord，MAC）を代表翼弦長として用いる．

$$\bar{c} = \frac{2}{S}\int_0^{b/2} [c(y)]^2 \mathrm{d}y \tag{14.1.3}$$

翼平面形が台形の場合，MAC は翼根翼弦長とテーパー比から次式により計算できる．

$$\bar{c} = \frac{2}{3}c_R \frac{1+\lambda+\lambda^2}{1+\lambda} \tag{14.1.4}$$

3 次元翼の平面形を表すもう 1 つのパラメーターに**後退角**（sweepback angle，Λ）がある．一般には前縁における角度を指し，これを前縁後退角とよぶ．翼断面の 4 分の 1 翼弦位置をスパン方向に結んだ直線の傾きを後退角として定義する場合もある．

14.2　3 次元翼の流れ

翼型はスパンが無限大の直線翼とみなすことができ，流れの様子はすべての断面で同じである．これに対して，3 次元翼には翼端があり上下面の圧力差によって下面から上面に回り込む流れが存在する．このような流れは翼後方に回転運動する空気の流れを生じる．これを，**後ひき渦**（trailing vortex）または**自由渦**（free vortex）とよんでいる．これらの渦の存在を初めて認識したのは，英国のランカスターとドイツのプラントルである．こうして形成された渦面は下流に行くに従って巻き上がり，2 本の反対向きに回転する渦を形成する（図 14.2.1）．これを**翼端渦**（wing tip vortex）とよんでいる．

前節で述べたように，翼に揚力が生じるのは翼周りに生じた循環による．理論的には，翼を翼面に固定された渦糸とみなすことができる．これを**束縛渦**（bound vortex）とよんでいる．ヘルムホルツの渦理論（第 II 部 8.6.5 項参照）によると，ポテンシャル流れでは渦糸が端をもつことはなく，閉じてループを形成するか，物体境界または無限遠まで伸びていなければならない．つまり，束縛渦の両端は自由渦として無限下流に伸びているとみなせる．

このような流れのもっとも簡単なモデルが**馬蹄渦**（horse-shoe vortex）である（図 14.2.2）．翼に固定された渦糸が束縛渦で，後方に伸びる 2 本の渦糸が翼端渦を表す．翼端渦は束縛渦と同じ強さの循環をもち，下流から見て左翼

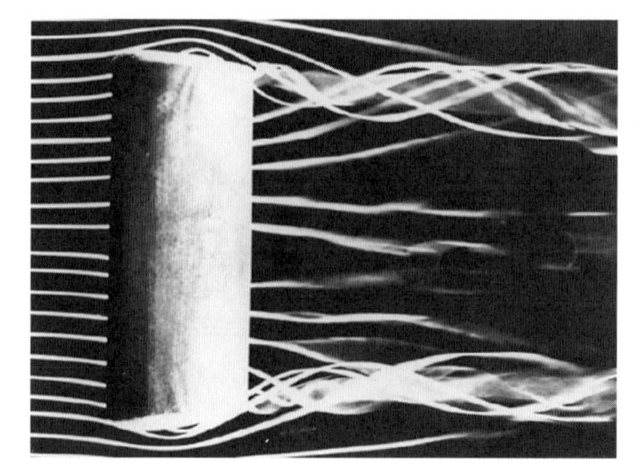

図 **14.2.1**　3 次元翼周りの流れ
（Milton Van Dyke: An Album of Fluid Motion, The Parabolic Press, 1982.）

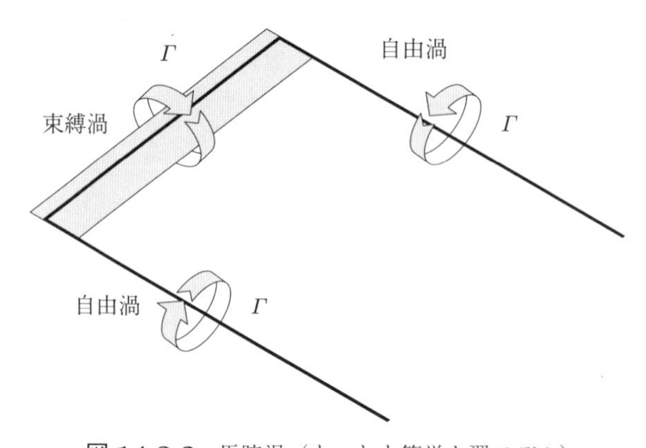

図 **14.2.2**　馬蹄渦（もっとも簡単な翼モデル）

では時計回りに右翼では反時計回りに回転している．

翼端渦が存在するため 3 次元翼では，翼付近に下向きの速度 w が誘導される．これを**吹きおろし**（downwash）とよんでいる．翼には一様流とこの吹きおろしが合成された風が当たることになり，その分だけ実効的な迎え角，すな

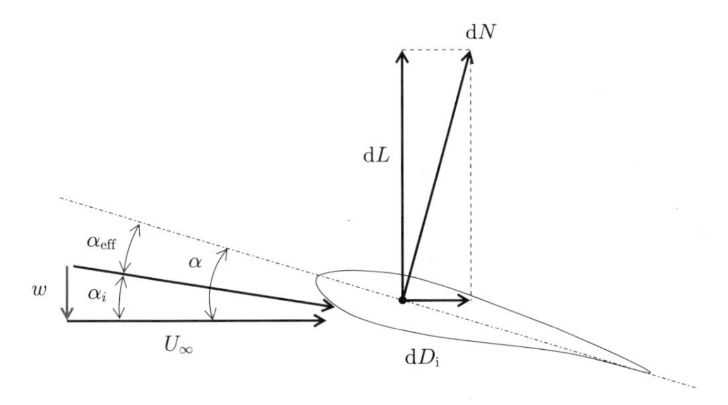

図 14.2.3　翼に働く空気力に対する吹きおろしの影響

わち有効迎え角（effective angle of attack, α_{eff}）が減少する．

3 次元翼の断面を切り出した翼素（幅 dy）を考えると，翼素にはクッタ・ジューコフスキーの定理によって，一様流と吹きおろしの合成速度に直角の向きに垂直力 dN が働く．

$$\mathrm{d}N = \rho\sqrt{U_\infty^2 + w^2}\,\Gamma \mathrm{d}y \tag{14.2.1}$$

吹きおろしによって生じる迎え角は誘導迎え角（induced angle of attack, α_{i}）とよばれ，dN の向きは一様流の向き（飛行方向）に対して，この角度だけ後方に傾く．つまり，飛行方向とは反対を向く空気力の成分が発生することになる（図 14.2.3）．これを**誘導抗力**（induced drag）とよんでいる．

式 (14.2.1) より，翼素に働く揚力 dL と誘導抗力 dD_{i} は，次のように表現できる．

$$\mathrm{d}L = \mathrm{d}N \times \cos\alpha_i = \rho\sqrt{U_\infty^2 + w^2}\,\Gamma \mathrm{d}y \times \frac{U_\infty}{\sqrt{U_\infty^2 + w^2}} = \rho U_\infty \Gamma \mathrm{d}y \tag{14.2.2}$$

$$\mathrm{d}D_i = \mathrm{d}N \times \sin\alpha_i = \rho\sqrt{U_\infty^2 + w^2}\,\Gamma \mathrm{d}y \times \frac{w}{\sqrt{U_\infty^2 + w^2}} = \rho w \Gamma \mathrm{d}y \tag{14.2.3}$$

誘導抗力は圧力抗力の一種であり，流れが非粘性であっても 3 次元翼には空気抵抗が働く．誘導抗力は翼が揚力を発生することの代償として生じる抗力成分だと言える．

14.3　揚力線理論

14.3.1　基礎方程式

前節で，3 次元翼は束縛渦と自由渦からなる渦系で表現できることを示した．馬蹄渦はそのような渦モデルの 1 つであるが，実際の翼ではスパンに沿って循環の大きさが変化するため，より複雑なモデルが必要となる．ここでは，プラントルらが考えた**揚力線**（lifting line）という考え方を導入する．

具体的な数式を導く前に，渦糸が誘導する速度を求めておく．それには，**ビオ・サバールの法則**（Biot-Savart law）が用いられる．強さ Γ の渦糸上の長さ $\mathrm{d}s$ の微小領域の渦によって，角度 β で距離 h の場所に誘導される速度 $\mathrm{d}v$ は，ビオ・サバールの法則より，

$$\mathrm{d}v = \frac{\Gamma}{4\pi}\frac{\cos\beta \cdot \mathrm{d}s}{h^2} \tag{14.3.1}$$

で与えられる（図 14.3.1）．

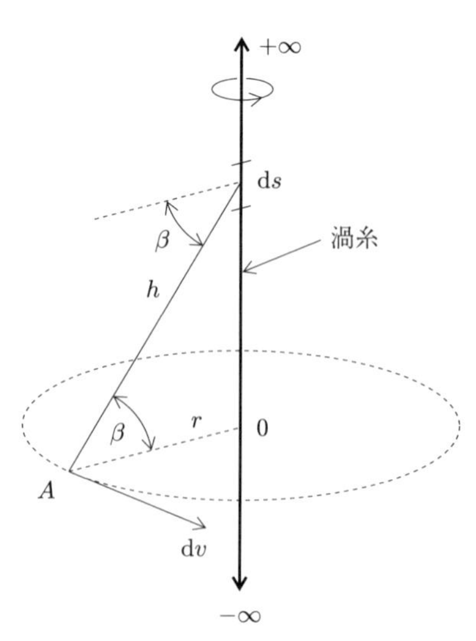

図 14.3.1　ビオ・サバールの法則

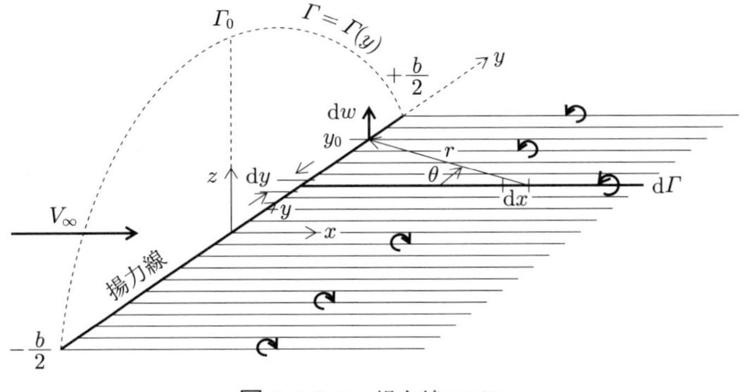

図 14.3.2　揚力線モデル

プラントルは，束縛渦を 1 本の渦糸で代表させ，循環の強さをスパン位置 y の関数 $\Gamma(y)$ として与えた．一般にスパン方向の循環分布は一様ではなく，$\Gamma(y)$ の大きさはスパンに沿って変化する．ヘルムホルツの渦理論によって循環の強さは保存されなければならないので，$\Gamma(y)$ の変化量 $(\mathrm{d}\Gamma(y)/\mathrm{d}y)\mathrm{d}y$ に相当する渦が束縛渦から漏れ出ることになる．プラントルは，この渦が後方に伸び後流渦面を形成すると考えた．

図 14.3.2 に示す渦系で翼を表現すると，y と $y + \mathrm{d}y$ の間から強さ $(\mathrm{d}\Gamma(y)/\mathrm{d}y)\mathrm{d}y$ の半無限渦が後方に伸びているとみなせ，この渦が束縛渦上の点 y_0 に誘導する速度 $\mathrm{d}w$ は，ビオ・サバールの法則により，

$$\mathrm{d}w = \frac{1}{4\pi}\frac{1}{y-y_0}\frac{\mathrm{d}\Gamma(y)}{\mathrm{d}y}\mathrm{d}y \tag{14.3.2}$$

で与えられる．これを全スパンにわたって積分すると，点 y_0 における吹きおろし速度 $w(y_0)$ が求まる．

$$w(y_0) = \int_{-b/2}^{b/2}\frac{1}{4\pi}\frac{1}{y-y_0}\frac{\mathrm{d}\Gamma(y)}{\mathrm{d}y}\mathrm{d}y \tag{14.3.3}$$

式 (14.2.2)，式 (14.2.3) より，スパン位置 y_i の断面における単位幅当たりの揚力と誘導抗力は，

$$dL = \rho U_\infty \Gamma(y_i) dy_i \tag{14.3.4}$$

$$dD_\mathrm{i} = \rho w_i(y)\Gamma(y_i)dy_i = \rho \int_{-b/2}^{b/2} \frac{1}{4\pi}\frac{1}{y-y_i}\frac{d\Gamma(y)}{dy}dy \cdot \Gamma(y_i)dy_i \tag{14.3.5}$$

となる．これを y_i について全スパンにわたって積分すると，翼全体に働く揚力 L と誘導抗力 D_i が求まる．

$$L = \rho U_\infty \int_{-b/2}^{b/2} \Gamma(y_i)dy_i \tag{14.3.6}$$

$$D_\mathrm{i} = \frac{\rho}{4\pi}\int_{-b/2}^{b/2}\int_{-b/2}^{b/2} \frac{1}{y-y_i}\frac{d\Gamma(y)}{dy}\Gamma(y_i)dydy_i \tag{14.3.7}$$

これらの式を用いると，与えられたスパン方向の循環分布に対して揚力と誘導抗力の値が計算できる．

14.3.2　最小誘導抗力

式 (14.3.7) より，スパン方向の循環分布が y の関数として与えられれば誘導抗力が求まることがわかった．ここでは，スパン方向の翼座標 y を次式によって θ に変換して表現する（図 14.3.3）．

$$y = \frac{b}{2}\cos\theta \quad (0 \le \theta \le \pi) \tag{14.3.8}$$

このとき $\Gamma(y)$ は θ の関数となり，以下のフーリエ級数で表される．

$$\Gamma(\theta) = \sum_{n=1}^{\infty} A_n \sin n\theta \quad (n = 1, 3, 5, ...) \tag{14.3.9}$$

ここでは図 14.3.3 に示す左右対称の循環分布を考える．式 (14.3.9) を前節の式 (14.3.3)，式 (14.3.6)，式 (14.3.7) に代入すると，各項ごとに積分が実行でき，吹きおろし，揚力，誘導抗力をフーリエ係数 A_n の関数として表現することができる．

すなわち，

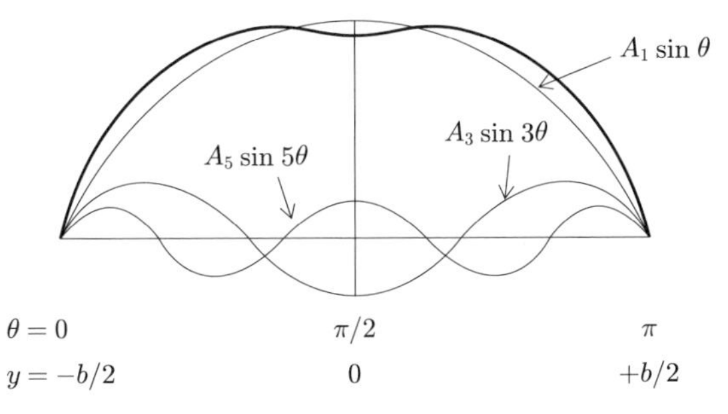

図 14.3.3 循環分布の表現法

$$\text{吹きおろし：} w = \frac{1}{2b}\left(A_1 + 3A_3\frac{\sin 3\theta}{\sin\theta} + \cdots\right) \tag{14.3.10}$$

$$\text{揚力：} L = \frac{\pi}{4}b\rho U_\infty A_1 \tag{14.3.11}$$

$$\text{誘導抗力：} D_\mathrm{i} = \frac{\pi}{8}\rho(A_1^2 + 3A_3^2 + 5A_5^2 + \cdots) \tag{14.3.12}$$

となる．

ここで，式 (14.3.12) がフーリエ係数 $A_1, A_3, A_5, \ldots$ の 2 乗和になっていることに注目すると，誘導抗力 D_i が最小となるのは，A_1 以外の係数がすべて 0 となる場合だということがわかる．

このときの循環分布は式 (14.3.9) より，

$$\Gamma = A_1\sin\theta = A_1\sqrt{1 - \left(\frac{y}{b/2}\right)^2} \tag{14.3.13}$$

となる．つまり，スパンに沿った循環は**楕円分布**（elliptic loading）となる．

式 (14.3.11) より $A_1 = 4L/\pi b\rho U_\infty$ であるから，

$$\text{吹きおろし：} w = \frac{A_1}{2b} = \frac{2L}{\pi b^2\rho U_\infty} \tag{14.3.14}$$

$$\text{誘導抗力 ：} D_\mathrm{i} = \frac{\pi}{8}\rho A_1^2 = \frac{1}{\pi}\frac{2L^2}{b^2\rho U_\infty^2} \tag{14.3.15}$$

となる．これより誘導迎え角 α_i は

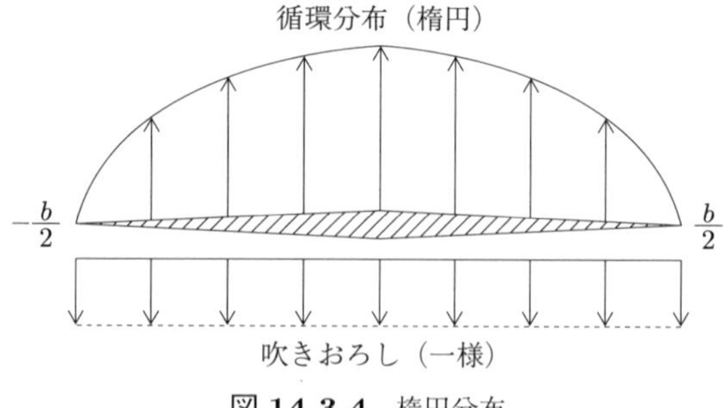

図 14.3.4　楕円分布

$$\alpha_{\mathrm{i}} = \frac{w}{V_\infty} = \frac{2L}{\pi b^2 \rho V_\infty^2} = \frac{S}{\pi b^2}\frac{L}{(1/2\rho V_\infty^2)S} = \frac{C_L}{\pi(AR)} \tag{14.3.16}$$

また，誘導抗力係数 $C_{D_{\mathrm{i}}}$ は

$$C_{D_{\mathrm{i}}} = \frac{1}{\pi}\frac{2L^2}{b^2\rho U_\infty^2\left(\dfrac{1}{2}\rho U_\infty^2 S\right)} = \frac{C_L^2}{\pi(AR)} \tag{14.3.17}$$

と表せる．

図 14.3.4 に楕円分布の場合の吹きおろしのスパン方向分布を示す．吹きおろしは全スパンで一定となり，誘導迎え角の大きさは揚力係数に比例しアスペクト比に反比例する．また，誘導抗力の大きさは揚力係数の 2 乗に比例し，アスペクト比に反比例する．つまり，アスペクト比が大きな翼ほど誘導抗力は小さくなる．

ここで，楕円循環分布を実現する方法について考察しておく．スパン位置 y における幅 $\mathrm{d}y$ 当たりの空気力 $\mathrm{d}L$ は，断面揚力係数 C_l と翼弦長 $c(y)$ を用いて，

$$\mathrm{d}L(y) = \frac{1}{2}\rho U_\infty^2 c(y) C_l(y)\mathrm{d}y \tag{14.3.18}$$

と表せる．これに式 (14.2.2) を代入すると，

$$\Gamma(y) = \frac{1}{2}c(y)C_l(y)U_\infty \tag{14.3.19}$$

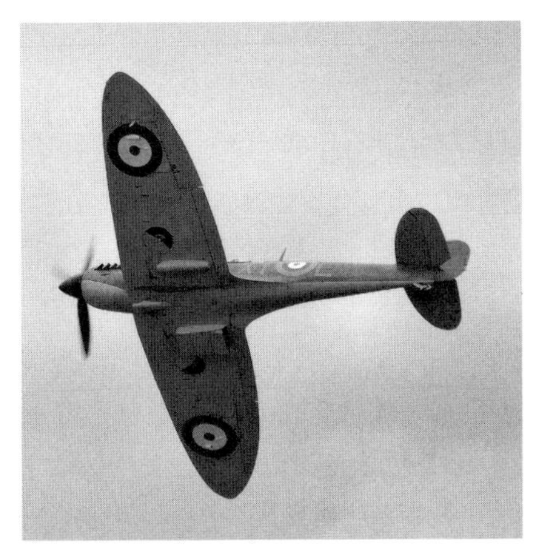

図 14.3.5 楕円翼の一例（スーパーマリン・スピットファイア）

となる．

この式に平板翼の揚力係数 $C_l = 2\pi\alpha$ を代入すると，

$$\Gamma(y) = \pi c(y)\alpha(y)U_\infty \tag{14.3.20}$$

となる．

まず翼に幾何学的なねじれがない場合を考える．式 (14.3.16) より誘導迎え角はスパンを通じて一定なので，$\alpha(y)$ は一定となる．つまり $c(y)$ を楕円的に変化させてやれば楕円循環分布が実現する．平面形が楕円形の翼は**楕円翼**（elliptic wing）とよばれている．第 2 次大戦の英国の戦闘機スピットファイアは楕円翼をもつ航空機の代表として知られている（図 14.3.5）．

一方，平面形が楕円でない翼の場合に楕円循環分布を実現するには，$\alpha(y)$ をスパンに沿って変化しなければならない．例えば，テーパー翼では翼端に向かうほど幾何的な迎え角が小さくなるように**ねじり下げ**（wash out）をつける．ただし，この方法で楕円循環分布が実現するのは設計点だけであり，それ以外の迎え角では楕円分布ではなくなることに注意する．

循環分布が楕円分布でない一般の翼の誘導抗力は，式 (14.3.17) に補正係数をつけて表現する．

$$C_{D_i} = \frac{C_L^2}{\pi e(AR)} \tag{14.3.21}$$

補正係数 e を**スパン効率**（span efficiency）とよんでいる．e は 0 から 1 までの値をとり，楕円翼では $e = 1$ となる．よく設計されたテーパー翼の e は 0.85-0.95 程度である．

14.3.3　揚 力 傾 斜

翼端渦の存在は 3 次元翼の揚力にも影響を及ぼす．束縛渦の循環の一部が漏れるので，3 次元翼の揚力は 2 次元翼の場合より減少する．

楕円翼を仮定すると，誘導迎え角（吹きおろし）が全スパンで一定となり，任意のスパン位置における断面揚力傾斜は一定（$= 2\pi$）となる．この値を a_0 とすると，

$$\frac{\mathrm{d}C_L}{\mathrm{d}(\alpha - \alpha_i)} = a_0 \tag{14.3.22}$$

が成り立ち，これを積分すると，

$$C_L = a_0(\alpha - \alpha_i) + \mathrm{const.} \tag{14.3.23}$$

となる．α_i に式 (14.3.16) を代入し，

$$C_L = a_0\left(\alpha - \frac{C_L}{\pi AR}\right) + \mathrm{const.} \tag{14.3.24}$$

これを α で微分すると

$$\frac{\mathrm{d}C_L}{\mathrm{d}\alpha} = a_0\left(1 - \frac{1}{\pi AR}\frac{\mathrm{d}C_L}{\mathrm{d}\alpha}\right) \tag{14.3.25}$$

となる．

式 (14.3.25) を $\mathrm{d}C_L/\mathrm{d}\alpha$ について解くと，

$$\frac{\mathrm{d}C_L}{\mathrm{d}\alpha} = \frac{a_0}{1 + a_0/\pi AR} \tag{14.3.26}$$

という関係式が得られる．つまり 3 次元翼の揚力傾斜は AR に依存し，図 14.3.6 に示すように，2 次元翼（$AR = \infty$ に相当）の揚力傾斜より必ず小さくなる．迎え角が同じであれば，AR の大きな翼ほど揚力係数は大きくなる．

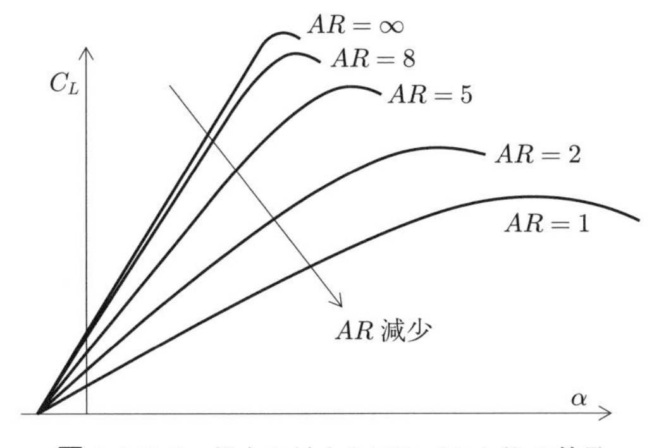

図 14.3.6 揚力に対するアスペクト比の効果

平面形が楕円でない翼の場合の揚力傾斜は，式 (14.3.26) に補正係数をかけて計算する．大雑把な値は，AR を有効アスペクト比（$= e \times AR$）で置き換えてやれば求められる．

14.4 翼に働く抗力

14.4.1 抗 力 成 分

13.6 節で述べたように，翼型に働く抗力は，**摩擦抗力**と境界層の剥離に伴う**圧力抗力**に分けられる．両者を合わせたものを，**形状抗力**（form drag）または**翼型抗力**（profile drag）とよぶ．

航空機には，翼以外に胴体や尾翼にも形状抗力が働く．それらを合わせたものを**有害抗力**（parasite drag）とよび，C_{D_0} で表す．有害抗力と誘導抗力を足し合わせたものが航空機に働く全抗力である．

$$C_D = C_{D_0} + C_{D_i} = C_{D_0} + \frac{C_L^2}{\pi e(AR)} \tag{14.4.1}$$

13.6 節で述べたように，式 (14.4.1) の C_{D_0} には揚力の 2 乗に比例する抗力成分が含まれる．そこで，スパン効率 e を定義しなおして，形状抗力の揚力依存成分を誘導抗力に繰り込む．このときの e を**オズワルドの効率係数**（Oswald efficiency factor）とよんでいる．このように仕分けると，C_{D_0} は零揚力

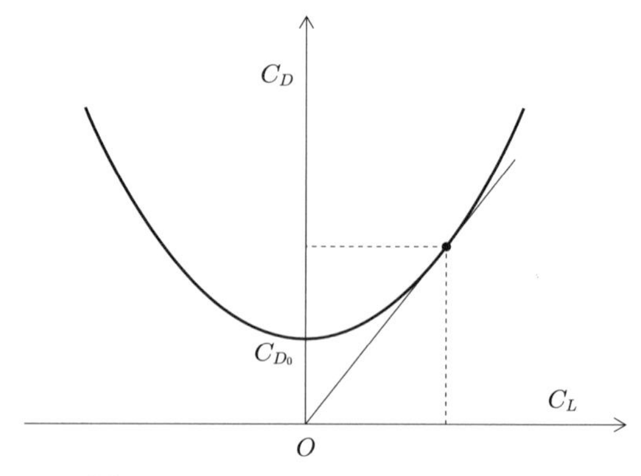

図 14.4.1　ドラッグポーラ（抗力極線）

時の有害抗力成分，つまり**零揚力抗力**（zero-lift drag）を表すことになる．有害抗力の値はレイノルズ数に強く依存する．

式 (14.4.1) を，C_L を横軸に C_D を縦軸にして図 14.4.1 に図示する．C_D は放物線となる．このような抗力の表現方法を，**抗力極線**または**ドラッグポーラ**（drag polar）とよんでいる．座標の原点とドラッグポーラ上の点を結んだ直線の傾き C_L/C_D は揚抗比（L/D）を表している．揚抗比が最大となるのは，この直線が放物線に接するときである．このとき式 (14.4.1) より，誘導抗力 C_{D_i} と零揚力抗力 C_{D_0} の値は等しくなるという関係が導ける（各自で確かめよ）．例えば，旅客機のように燃料効率が重要な航空機では，この関係が満たされるように空力形状が設計されている．

14.4.2　抗力低減法

翼に働く抗力は誘導抗力のほぼ 100 %，全体の有害抗力のかなりの部分を占めている．翼の抗力のわずかな低減が航空機の燃料効率に大きく効いてくる．

抗力を低減する手段は以下のように分類できる．

(a)　摩擦抗力：濡れ面積を小さくする／境界層を層流に保つ

(b)　圧力抗力：剥離を防ぐ（流線型化）

（c）　誘導抗力：アスペクト比（AR）を増加する／スパン効率（e）を大きくする

航空機には2乗3乗則というものがあり，体積（重量）が長さの3乗に比例するのに対し，翼面積は2乗にしか比例しない．このため，航空機が巨大化するにつれ，必要とされる翼の面積は相対的に大きくなる．翼面積と濡れ面積の比は航空機の形状によって異なり，**全翼機**（flying wing）の場合に最小値（$= 2$）となる．巨人機のコンセプトに全翼機が好まれるのはそのためである．

翼に働く摩擦抗力を低減する理想的な方法は層流化である．しかし，大型の旅客機では，レイノルズ数が 10^7 のオーダーとなるため翼面のほぼ全域で境界層は乱流である．主翼ではなく尾翼やより小型の航空機では層流化によるメリットが生じ得る．ホンダジェットの主翼には層流翼が採用されている．同機のイルカのような機首形状も，機首部に層流域を保つためのデザインである．

一方，圧力抗力の低減は流線形化が基本である．球や円柱などのいわゆる**鈍頭物体**（bluff body）では抗力係数が O(1) のオーダー，これに対し**流線型物体**（streamlined body）では抗力係数が O(0.01) 以下に低減する．圧力抗力を低減するには剥離領域を小さくすることが肝心である．**渦発生装置**（vortex generator）は翼面上に小さな小翼を並べたもので，小翼の翼端から発生する縦渦によって境界層内に運動量の大きな外部流が輸送され，剥離の発生が遅れる．ただし，渦発生装置を装着すると摩擦抗力が増加するので，両者のトレードオフが必要となる．

最後に誘導抗力については，アスペクト比を増加することが基本的な低減法である．ただし，アスペクト比の増加には限度があり，その値は構造強度との兼ね合いで決まる．ジェット旅客機のアスペクトは8から10程度，B787のアスペクト比は約11である．これに対してグライダーや人力飛行機には40近いアスペクト比をもつものがある．

高高度を飛行する航空機には，高アスペクト比の翼が有利である．例えば，航空機の飛行高度記録をもっているNASAの実験機ヘリオスのアスペクト比は31に達する．大気密度の低い高高度では高 C_L での飛行が求められ，それに応じて大きな誘導抗力が発生する．高アスペクト比の翼を採用するのは，誘

（本多技研工業株式会社　提供）

（三菱航空機株式会社　提供）

(a) ウィングレット（左：ホンダジェット，右：MRJ）

（全日本空輸株式会社　提供）

(b) レイクト・ウィングチップ（Boeing B787）

図 14.4.2　誘導抗力低減のための翼端装置

導抗力の増加を防ぐためである．

誘導抗力を低減する有効な方法に**ウィングレット**（winglet）や**ウィングチップフェンス**（wing tip fence）などの翼端装置がある．これらの装置には有効アスペクト比を増加させる効果があり単純に翼幅を増やすより構造的な負荷が小さく，有利だと言われている．同様に，翼端を後方に急角度で後退させた**レイクト・ウィングチップ**（raked wing tip）にも誘導抗力を低減させる効果がある．ホンダジェットや三菱リージョナルジェット（MRJ）にはウィングレットが，ボーイング 787 にはレイクト・ウィングチップが採用されている (図 14.4.2).

付録：翼型ファミリー

付図に，初期から現在までの代表的な翼型を示す．ごく初期の翼型の主流は，エッフェルやゲッチンゲンなどの薄く前縁が尖ったキャンバー付きの翼型である．これらの翼型は失速特性が悪くすぐに時代遅れとなり，その後ゲッチンゲン No. 535 や NACA（National Advisory Committee for Aeronautics, アメリカ航空諮問委員会）の Clark Y などの厚みのある翼型が登場した．

1930 年代になり，米国の NACA が最初の本格的な翼型ファミリー「4 桁シリーズ」を発表した．翼型の表記法はコード化されていて，例えば，NACA 2412 と名付けられた翼型の各数字は以下の意味をもつ．

- 最初の 2：キャンバーが翼弦長の 2 %
- 次の 4：最大キャンバー位置 x/c が 0.4
- 最後の 12：最大厚み比 t/c が 12 %

4 桁シリーズの翼型の最大厚み位置は翼弦 30 % に固定されている．

「5 桁シリーズ」は 4 桁シリーズに改良を加えたもので，問題とされていた頭上げモーメントの発生が大幅に緩和されている．

もっとも有名な翼型ファミリーは「6 字系列」である（13.3 節で述べた層流翼型の代表例）．厳密な理論にもとづいて，厚み分布の違う一連の翼型が設計された．適度な圧力分布をもち抗力が小さく，多くの航空機に採用された．こちらも表記法がコード化されていて，例えば，NACA64-212 の各数字は以下の意味をもつ．

- 最初の 6：6 字系列
- 次の 4：最小圧力位置 x/c が 0.4
- ハイフンの後の 2：設計揚力係数が 0.2
- 最後の 12：最大厚み比 t/c が 12 %

系統的に形を変えたこれらの翼型は座標がすべて数式で与えられておりさまざまなレイノルズ数における実験データが公表されている（文献 [7]）．

インターネット上の翼型データベースとしてはイリノイ大学が作成したデータベースが有名である．NACA 翼型をはじめとする 1500 を超える翼型の座標が公開されている．また，MIT のマーク・ドレラ教授が開発した翼型計算

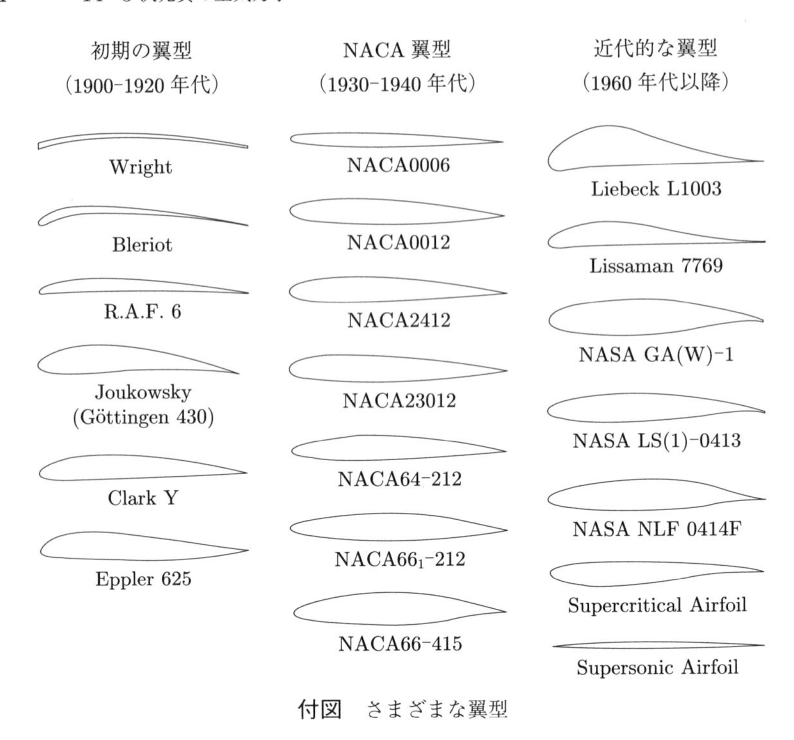

付図　さまざまな翼型

ソフト「X-foil」は，境界層遷移や剥離などの粘性効果を含めた翼型周りの流れが計算できる便利なツールとして広く使われている（文献[8]）．これらのソフトを利用してさまざまな形状の翼型の計算をしてみることも，翼理論を理解する有効な手段の1つである．

おわりに

以上，第Ⅲ部では非粘性・非圧縮性流体力学にもとづく翼型理論と3次元翼理論を展開してきた．ここで得られた知識に従えば，例えば人力飛行機など実際の飛行機の翼を設計できるはずである．さらなる発展としては，フラップやスラットなどの高揚力装置（high lift device），平面形が三角形をしたデルタ翼（delta wing）の翼理論が挙げられる．前者では境界層の剥離，後者では翼前縁で剥離した渦の挙動を扱う必要がある．

本書では圧縮性の影響が現れる遷音速や超音速における翼理論は扱わなかった．このような条件ではマッハ数が流れ場を支配するようになり，翼面上や翼周りに衝撃波が発生する．超音速では，翼の空力中心が 4 分の 1 翼弦長から 2 分の 1 翼弦長に後退したり，衝撃波の発生に伴う新たな圧力抗力（造波抗力）が生じたり，亜音速の場合とは違う面白い性質が現れる．

これらの発展的な話題を含めて，より詳細な理論や応用例を知りたい人は，参考文献に挙げた代表的な教科書（文献 [1]～[6]）を参考にして欲しい．文献 1 は現在絶版となっているが，層流翼を発明した谷一郎教授の名著である．また，翼の性質を理解するためにはこれらの教科書の勉強だけでなく，風洞実験や数値シミュレーションを自らやってみることも有効である．空力設計の根本は「流れを知る」ことにあり，本書で扱った物理モデルとともに翼周りの流れ場を多角的に理解する姿勢が大事である，

参考文献

第 I 部

[1] 高野暲：流体力学，岩波書店，1975.

[2] 谷一郎：流れ学 第3版，岩波書店，1967.

[3] 文献 [1], pp.1–10, pp.13–19.

[4] 文献 [2], pp.91–94, pp.167–170.

[5] 今井功：流体力学，岩波書店，1970, p.25.

[6] 文献 [1], pp.54–62.

[7] Schlichting, H. : Boundary-Layer Theory, 7th edition, McGraw-Hill, 1979, p.567.

[8] Tani, I.: "Low-Speed Flows Involving Bubble Separations", Prog. Aero. Sci., **5** (1964), pp.70–103.

[9] 文献 [7], p.17.

[10] 河村龍馬：高速空気力学，現代工学社，1958, pp.24–26.

[11] 文献 [10], pp.4–6.

[12] リープマン，ロシュコ（玉田　珖訳）：気体力学，吉岡書店，1960, pp.105–110.

[13] 文献 [10], pp.173–181.

[14] 李家賢一：航空機設計法——軽飛行機から超音速旅客機の概念設計まで，コロナ社，2011, pp.119–123.

[15] 文献 [2], p.182, p.198.

[16] 渡辺重哉，石本真二，高木亮治："HYFLEX の空力特性"，日本航空宇宙学会誌，**45** (1997), pp.642–648.

第Ⅱ部

[1] Schlichting, H. and Gersten, K.: Boundary Layer Theory, 8th Revised and Enlarged Edition, Springer, 1999.

[2] Milton Van Dyke: An Album of Fluid Motion, The Parabolic Press, 1982.

[3] Achenbach, E.: "Distribution of Local Pressure and Skin Friction Around a Circular Cylinder in Cross-Flow up to Re $= 5 \times 10^6$", Journal of fluid Mechanics, **34**, Part 4 (1968), pp. 625–639.

[4] Talay, T. A.: "Introduction to the Aerodynamics of Flight", SP–367, NASA (1975).

第Ⅲ部

[1] 谷一郎：流れ学 第3版，岩波書店，1967.

[2] I. A. Abbott and A. E. von Doenhoff: Theory of Wing Sections-Including a Summary of Airfoil Data, Dover Publications, 1959.

[3] John. D. Anderson, Jr.: Introduction of Flight, 7th Edition, McGraw-Hill Education, 2011.

[4] John. D. Anderson, Jr.: Fundamentals of Aerodynamics, 5th Edition, McGraw-Hill Professional, 2010.

[5] E. L. Houghton, *et al*: Aerodynamics for Engineering Students, 6th Edition, Butterworth-Heinemann, 2012.

[6] 航空宇宙工学便覧（第3版），日本航空宇宙学会編，丸善，2005.

[7] UIUC Applied Aerodynamics Group: UIUC Airfoil Data Site（イリノイ大学翼型データベース），http://m-selig.ae.illinois.edu/ads.html（2015年12月現在）

[8] XFOIL for Airfoil Design and Analysis, Version 6.99, 2013, http://web.mit.edu/drela/Public/web/xfoil/（2015年12月現在）

索　引

欧　文

Boeing B787　182
CFD　Computional Fluid Dynamics
　→ 数値流体力学
EFD　Experimental Fluid Dynamics
　→ 実験流体力学
MRJ　182
X-foil　184

あ　行

亜音速　subsonic　5
アスペクト比　aspect ratio　168, 176
圧縮性　compressibility　4, 11
圧縮性流体力学　ompressible fluid dynamics　5
圧縮波　compression wave　54
圧縮流　compression flow　51
圧力係数　pressure coefficient　74
圧力中心　pressure center　141
圧力抗力（圧力抵抗）　pressure drag　100, 179
後ひき渦　trailing vortex　169
亜臨界レイノルズ数　subcritical Reynolds number　96
一様流　freestream　22, 86
ウィングチップフェンス　wing tip fence　182
ウィングレット　winglet　182
渦　糸　vortex line　91
渦なし　irrotational　→ 非回転
渦発生装置　vortex generator　181
薄翼理論　thin airfoil theory　150
宇宙往還機　spaceplane　4
運動量保存則　momentum conservation law　20, 63
エアデータ　air data　130
エッフェル型風洞　Eiffel-type wind tunnel　24
エネルギー保存則　energy conservation law　21
エネルギー保存の式　conservation of energy　67
オイラーの方法　Euler's method　15, 64
オイラー方程式　Euler's equation of motion　20, 47, 70
オズワルドの効率係数　Oswald efficiency factor　179
オゾン層　ozone layer　127
音　速　speed of sound　13

か　行

外気圏　exosphere　126
ガス定数　gas constant　→ 気体定数
風　wind　15
気体定数　gas constant　17
逆圧力勾配　adverse pressure gradient　166
キャンバー付き翼型　cambered airfoil　156
境界層　boundary layer　31, 59, 163
　厚　さ　31
　外　縁　31
局所摩擦係数　coefficient of local friction　35, 142
空気力学　aerodynamics　3

空気力　aerodynamic force　4
空力加熱　aerodynamic heating　58
空力中心　aerodynamic center　141
空力平均翼弦　mean aerodynamic chord　168
空力面　aerodynamic surface　101
矩形翼　rectangular wing　168
クッタ・ジューコフスキーの定理　Kutta-Joukowski theorem　106, 147
クッタの条件　Kutta condition　149
グリーンの定理　Green's lemma　76
形状抗力（形状抵抗）　form drag　179
煙風洞　smoke wind tunnel　16
ケルビンの定理　Kelvin's theorem　80
圏界面　tropopause　127
後　縁　trailing edge　137, 167
航空機　aircraft　3
後退角　sweepback angle　169
高揚力装置　high lift device　184
後　流　wake　41
抗　力　drag　3, 98, 125
抗力極線　drag polar　→ドラッグポーラ
抗力係数　drag coefficient　43
抗力バケット　drag bucket　144
抗力発散　drag divergence　56
極超音速　hypersonic　4
極超音速飛行実験機 HYFLEX　hypersonic flight experiment HYFLEX　58
極超音速流　hypersonic flow　58

さ　行

最大厚み比　maximum thickness ratio　138
最大キャンバー　maximum camber　137
最大矢高　maximum camber　→最大キャンバー
先細翼　tapered wing　168
サザーランドの公式　Sutherland equation　130
ジオポテンシャル高度　geopotential altitude　128
軸　力　axial force　138
実験流体力学　experimental fluid dynamics　6
失　速　stall　144
質量保存則　mass conservation law　18, 61
自由渦　free vortex　→後ひき渦
順圧力勾配　favourable pressure gradient　166
準 1 次元流れ　quasi-one-dimensional flow　45
循　環　circulation　75
衝撃波　shock wave　54
擾　乱　perturbation　36
吸い込み　sink　87
垂直力　normal force　138
数値流体力学　computational fluid dynamics　7
スーパークリティカル翼型　supercritical airfoil　56
スケーリング則　scaling rule　→相似則
ストークスの定理　Stokes' theorem　76
スパン　span　167
スパン効率　span efficiency　178
スロート　throat　51
静　圧　static pressure　22, 73
静圧孔　static pressure port　24, 130
成層圏　stratosphere　126
零揚力角　zero-lift angle　158
零揚力抗力（零揚力抵抗）　zero-lift drag　180
遷　移　transition　36
前　縁　leading edge　137, 167
前縁半径　leading edge radius　137
遷音速　transonic　5
全翼機　flying wing　181
総　圧　total pressure　22
相似則　similarity rule　135
造波抗力（造波抵抗）　wave drag　55
層　流　laminar flow　36
層流境界層　laminar boundary layer　38
層流剥離泡　laminar separation bubble　42
層流バケット　laminar bucket　144

層流翼型 laminar airfoil 142
速度分布 velocity profile 163
速度ポテンシャル velocity potential 78
束縛渦 bound vortex 169

た 行

体積弾性率 bulk modulus 11
対流圏 troposphere 126
楕円分布 elliptic loading 175
楕円翼 elliptic wing 177
舵 角 flap angle 159
谷一郎 Ichiro Tani 166
ダランベールの背理 D'Alembert's paradox 100, 147
断面空力係数 sectional aerodynamic coefficient 141
断面抗力係数（断面抵抗係数） sectional drag coefficient 141
断面ピッチングモーメント係数 sectional pitching moment coefficient 141
断面揚力係数 sectional lift coefficient 141
力係数 force coefficient 102
中間圏 mesosphere 126
超音速 supersonic 4
超音速旅客機 supersonic transport 4
超臨界レイノルズ数 supercritical Reynolds number 97
抵 抗 drag → 抗力
抵抗極線 drag polar → ドラッグポーラ
抵抗係数 drag coefficient → 抗力係数
抵抗バケット drag bucket → 抗力バケット
抵抗発散 drag divergence → 抗力発散
定常流 steady flow 16
テーパー比 taper ratio 167
テーパー翼 tapered wing 168
デルタ翼 delta wing 184
動 圧 dynamic pressure 22, 73
等エントロピー流れの関係式 isentropic flow relations 49
動粘性係数 kinematic coefficient of viscosity 30
ドラッグポーラ drag polar 180
鈍頭物体 bluff body 181

な 行

流 れ flow 15
流れ関数 stream function 92
流れの可視化 flow visualization 6
ナビエ・ストークス方程式 Navier-Stokes equation 20, 66, 69
2 次元翼 airfoil → 翼型
2 重湧き出し doublet 88
ニュートンの運動の第 2 法則 Newton's second law of motion 63
ニュートンの粘性法則 Newton's law of viscosity 163
ニュートン流近似 Newtonian flow approximation 58
ニュートン流体 Newtonian fluid 11
ねじり下げ wash out 177
熱 圏 thermosphere 126
粘 性 viscosity 5
粘性応力 viscous stress 10
粘性係数 coefficient of viscosity 10, 65
粘性流体力学 viscous fluid dynamics 5
粘性力 viscous force 9, 20
ノズル nozzle 51

は 行

剥 離 separation 39
バッキンガムの Π 定理 Buckingham Π theorem 134
馬蹄渦 horse-shoe vortex 169
パネル法 panel method 111, 150
非圧縮性流れ incompressible flows 59
ビオ・サバールの法則 Biot-Savart law 172
非回転 irrotational 77
飛行機 airplane 3
微小擾乱 small perturbation 52

ピッチング・モーメント　pitching moment　140
非定常流　unsteady flow　16
ピトー静圧管　Pitot-static tube　24
比熱比　specific heat ratio　48
非粘性・非圧縮性流体　inviscid and incompressible fluid　5
非粘性流れ　inviscid flows　59, 69
非粘性流体　inviscid fluid　69
標準大気　standard atmosphere　127
ヒンジライン　hinge line　159
フィラメント　filament　→ 渦糸
風圧中心　pressure center　→ 圧力中心
風　洞　wind tunnel　6
風洞実験　wind tunnel experiment　6
吹きおろし　downwash　170
吹き出し　source　→ 湧き出し
フックの法則　Hooke's law　11
フラップ付き翼型　flapped airfoil　159
プラントル　Prandtl　31
平均キャンバーライン　mean camber line　137
平均矢高線　mean camber line　→ 平均キャンバーライン
ベルヌーイの式　Bernoulli's equation　→ ベルヌーイの定理
ベルヌーイの定理　Bernoulli's principle　21, 23, 47, 72
ヘルムホルツの渦理論　the vortex theorems of Helmholz　91
膨張波　expansion wave　54
膨張流　expansion flow　51
ポテンシャル渦　potential vortex　88
ポテンシャル関数　potential function　92
ホンダジェット　HondaJet　166, 182

ま　行

摩擦抗力（摩擦抵抗）　skin friction drag　100, 179
摩擦抗力係数（摩擦抵抗係数）　skin friction coefficient　38
マッハ円錐　Mach cone　53
マッハ角　Mach angle　53
マッハ数　Mach number　14
マッハ線　Mach line　53
マノメーター　manometer　25

や　行

迎え角　angle of attack　125
有害抗力（有害抵抗）　parasite drag　179
有限翼　finite wing　137
有効迎え角　effective angle of attack　171
誘導抗力（誘導抵抗）　induced drag　171
誘導迎え角　induced angle of attack　171
揚抗比　lift to drag ratio　125
揚　力　lift　4, 98, 125
揚力傾斜　lift curve slope　144, 178
揚力係数　lift coefficient　99
揚力線　lifting line　172
翼　wing　123
翼　厚　thickness　138
翼　型　airfoil　55, 137, 138
翼型抗力（翼型抵抗）　profile drag　179
翼　弦　chord　137
翼弦長　chord length　137
翼　根　wing root　167
翼　端　wing tip　167
翼端渦　wing tip vortex　169
翼端装置　wing tip device　182
翼　幅　span　167
翼理論　wing theory　6
よどみ点　stagnation point　22
よどみ点圧力　stagnation pressure　73

ら・わ行

ラグランジュの方法　Lagrangian method　15
ラバールノズル　Laval nozzle　51
ラプラスの方程式　Laplace's equation　81, 145
乱　流　turbulent flow　36
乱流境界層　turbulent boundary layer　38

流　管　stream tube　16
流跡線　pathline　16
流　線　streamline　16
流線型　streamlined body　181
流　体　fluid　3
流体力学　fluid dynamics　3
流脈線　streak line　16
流　量　flow rate　18
臨界レイノルズ数　critical Reynolds number　37, 164
レイクト・ウィングチップ　raked wing tip　182
レイノルズ数　Reynolds number　29
レイノルズの相似則　Reynolds' law of similarity　34
連続の式　equation of continuity　→ 質量保存則

湧き出し　source　86
　2重　88

航空宇宙工学テキストシリーズ
空気力学入門

平成 28 年 1 月 20 日　発　　行
令和 2 年 8 月 30 日　第 4 刷発行

編　者　一般社団法人　日本航空宇宙学会

発行者　池　田　和　博

発行所　丸善出版株式会社
〒101-0051 東京都千代田区神田神保町二丁目 17 番
編集：電話 (03) 3512-3266／FAX (03) 3512-3272
営業：電話 (03) 3512-3256／FAX (03) 3512-3270
https://www.maruzen-publishing.co.jp

組版印刷・大日本法令印刷株式会社／製本・株式会社 松岳社

ISBN 978-4-621-08993-4 C 3353　　Printed in Japan